Henning Wiesner

Müssen Tiere Zähne putzen?

Henning Wiesner

Müssen Tiere Zähne putzen?

... und andere Fragen an einen Zoodirektor

Aufgeschrieben von Walli Müller
und illustriert von Günter Mattei

CARL HANSER VERLAG

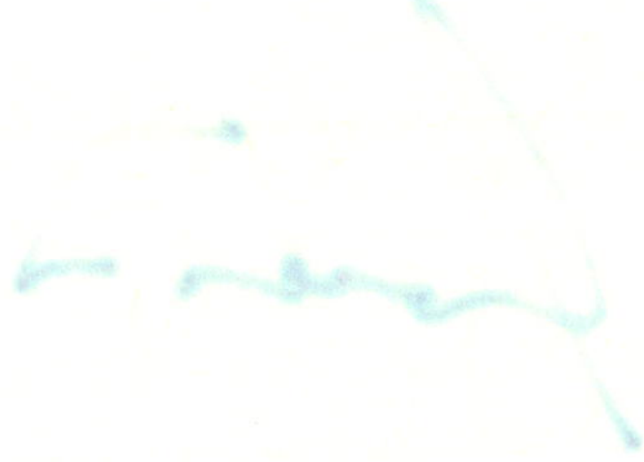

VORWORT

Man ist es ja als Zoodirektor gewohnt, dass einem besorgte Tierliebhaber Löcher in den Bauch fragen. Aber diese Frage war doch ebenso sonderbar wie die Uhrzeit, zu der sie gestellt wurde. Da wollte ein Engelsstimmchen morgens kurz nach 7 Uhr wissen, ob denn Glühwürmchen durchbrennen können? Können sie natürlich nicht, da zumindest bei unseren großen Glühwürmchen die Treue dadurch gewährleistet ist, dass die flügellosen Weibchen einfach nicht wegfliegen können!

Nein, so sei diese Frage natürlich nicht gemeint, man habe vielmehr an das „Elektrische" gedacht. Bei meinem kläglichen Versuch, vor der ersten Tasse Tee das nicht gerade einfache Phänomen der Biolumineszenz erklären zu wollen, gab sich das Engelsstimmchen als Walli Müller, freie Redakteurin des Bayerischen Rundfunks, zu erkennen. So entstand die Sendung „Viecherei in Bayern 3", die in Form von Kurzspots ein Jahr lang morgens in der Früh zwischen Zähneputzen und erstem Kaffee ausgestrahlt wurde. Sie fand mehr Beachtung, als wir geglaubt hatten, und mein Freund Günter Mattei war davon so angetan, dass er diese Radiowellen in seinem unvergleichlichen Stil in eine Fülle wunderschöner Bilder umgesetzt hat. Diese spiegeln mit ihrem hintergründigen Humor jene Heiterkeit der Texte wider, die wir uns auch noch nach dem Zähneputzen den lieben langen Alltag hindurch erhalten sollten.

In diesem Sinne wünschen wir Autoren unseren Lesern viel Spaß und vor allem jenes tierische Vergnügen, das uns bewog, dieses Buch zusammenzustellen.

Henning Wiesner

INHALT

INHALT

Können Seehunde bellen?

Schon beim alten Brehm heißt es, der Kopf der Seehunde sei katzenähnlich geformt. Stammt daher also der Name See-Hund? – Das kann ja wohl nicht sein. Bellen kann er leider auch nicht, nur hundeähnlich kläffen. Aber das beherrschen alle Robbenarten, nicht nur die Seehunde. Fazit: Der Seehund bellt genauso wenig, wie der Seelöwe brüllt oder der Seebär faucht. Und eigentlich müsste er Seekatze heißen.

Im Gegensatz zu den Seehunden („Hundsrobben") gehören Seelöwe und Seebär zu den „Ohrenrobben". Dieser Name macht ausnahmsweise Sinn, denn bei den Ohrenrobben kann man tatsächlich noch kleine Ohrzipfelchen am Kopf erkennen, was aber nicht heißt, dass sie deswegen auch besser hören können. Und sie gehorchen auch nur scheinbar besser als die Seehunde. In Wahrheit kommt es uns nur so vor, weil Ohrenrobben bei Dressurübungen an Land einfach beweglicher sind, wohingegen die Seehunde im plumpen Rekrutenstil über den Boden robben und nicht zu artistischen Glanzleistungen zu bewegen sind. Deshalb werden uns im Zirkus immer die größeren und geschickteren Seelöwen vorgeführt.

Bellen und knurren wird man die Seehunde, wie gesagt, nicht hören. Aber diese Tiere können zum Gotterbarmen heulen – und manche von ihnen haben auch allen Grund dazu. Die Seehundemama ist nämlich zuweilen eine echte Rabenmutter. Bringt sie Zwillinge zur Welt – was zum Glück die Ausnahme ist –, nimmt sie nur ein Junges, das stärkere, mit sich ins Wasser. Das Geschwisterchen lässt sie ganz allein an Land zurück, wo es seiner Familie herzzerreißend nachheult – daher der Name „Heuler".

Was für uns unmenschlich klingt, ist von der tierischen Warte aus völlig in Ordnung. Denn die Seehundemutter weiß, dass sie zu wenig Milch hat, um zwei Jungtiere aufziehen zu können. Also besser eines durchbringen als keines. In der Natur haben nun mal nur die Stärkeren eine Überlebenschance. Die Heuler würden sterben, wenn der Mensch sie nicht einsammeln und in „Heulerstationen" hochpäppeln würde, von wo aus sie dann wieder in die freie Wildbahn entlassen werden. Im Sinne der Natur ist das sicher nicht. Andererseits kann ein bisschen Menschlichkeit im Tierreich kaum schaden. Ein Besuch bei den Robbenbabys in der Heulerstation ist ein echtes Erlebnis und das Aufziehen von „Heulern" mag zumindest moralisch wertvoll sein.

Für die Seehundbestände der Nordsee ist es nicht einmal der berühmte Tropfen auf den heißen Stein. Als vor einigen Jahren dort nämlich ein schlimmes Robbensterben einsetzte, ausgelöst durch ein Virus, das dem Staupevirus der Hunde ähnelt, wurden die Seehundbestände drastisch reduziert. Heute zählt man wieder mehr Seehunde als vor diesem großen Seuchenzug, dessen Ursachen unbekannt blieben.

Können Seehunde bellen?

Tiere haben einen ausgesprochenen Bewegungsdrang. Das weiß jeder, der in aller Herrgottsfrühe regelmäßig von seinem Hund genervt wird, weil er Gassi gehen will. Dem Herrchen schadet es zwar auch nicht, morgens spazieren zu gehen oder zu joggen, aber er muss sich dazu viel mehr überwinden als der Hund.

Und auch der sportliche Wettbewerb wird von Tieren instinktiv gesucht. Das machen sich die Menschen zu Nutze, wenn sie Hunde vor ihre Schlitten spannen. Die Schlittenhunde sind nämlich Meutehunde, die in dauernder Konkurrenz zueinander leben. Der ranghöchste, größte und stärkste Hund will immer der vorderste sein. Dieses Prinzip spornt auch Windhunde und Rennpferde zu Höchstleistungen an. Manche dieser Tiere leben und trainieren ja wie echte Spitzensportler. Sie sind dann vor dem Wettbewerb genauso ehrgeizig und aufgeregt wie der Mensch und hinterher genauso glücklich oder enttäuscht – je nachdem.

Treiben Tiere Sport?

Der Massensport im Tierreich ist aber das Davonrennen. Wenn der Löwe Hunger hat, bleibt der Antilope nichts anderes übrig, als um ihr Leben zu rennen. Deshalb ist sie eine so begnadete Sprinterin. Und so geht es den meisten Tieren: Irgendein Beutefeind ist fast immer hinter ihnen her, und das bedeutet, sie müssen fit sein, um zu überleben. Kranke und verletzte Tiere werden als Erste gefressen, das ist eine Regel im Tierreich – getreu dem Darwin'schen Prinzip „Survival of the fittest".

Wenn keine natürlichen Feinde da sind wie bei den Tieren im Zoo, müssen sie ersatzweise an einer Art Sportunterricht teilnehmen. Die Przewalski-Urwildpferde im Münchner Tierpark werden morgens und nachmittags mit einer raschelnden Plastikplane losgescheucht und so richtig auf Trab gehalten. Und sie freuen sich jeden Tag genauso sehr auf diese Sportstunde wie die Wildhunde auf den „Wildhundelift". An einer Leine wird ein Turbo-Hühnerbein in drei Sekunden von 0 auf 80 km/h beschleunigt, sodass die Hunde erst hinterherfetzen müssen, bevor sie ihr Beutestück schnappen können – was ihnen und den Zuschauern einen Heidenspaß macht.

Weniger lustig ist es, dem Hamster dabei zuzuschauen, wie er stundenlang ganz alleine in seinem Rädchen läuft. Wir fragen uns: Spart er sich den Beitrag fürs Fitnessstudio, trainiert er für den olympischen Marathon, oder hat er ganz einfach ein Rad ab? Nichts von alledem: Er wird nur falsch gehalten. Denn so ein Käfig ist viel zu klein, als dass der Hamster genügend Auslauf hätte. Also ist das Rädchen ein Ersatzmittel, damit das Tier nicht einrostet. Aber richtig Spaß hat der Hamster daran nicht.

Weit verbreitete Sportarten bei Tieren sind übrigens auch Ring- und Boxkämpfe. Wenn zwei Steinböcke mit den Hörnern aufeinander losgehen, dann erinnert das stark an einen Kampf zwischen Tyson und Holyfield. Es wurde nur noch nie ein Steinbock mit abgebissenem Ohr gesichtet.

Rassig, herb, intensiv – der Moschusduft strahlt pure Männlichkeit aus. Das animiert die einen zum Davonlaufen und zieht die anderen magisch an – vor allem die Moschusochsen-Weibchen, denn für sie ist das Parfüm in der Brunftzeit natürlich gedacht. Der Moschusochse muss freilich im Gegensatz zu uns nicht viel Geld in der Parfümerie ausgeben. Er stellt seinen Duft in Eigenproduktion her – und zwar in dafür vorgesehenen Drüsen, die zwischen seinen Hörnern sitzen.

Der in den Drüsen erzeugte Moschus ist ein braunrotes gallertig-fetthaltiges Sekret, das die Eigenschaft hat, Geruchsstoffe besonders gut binden zu können. In Verbindung mit einem bestimmten Molekül riecht es eben nach dem, was wir uns unter Moschusduft vorstellen. Die trickreiche menschliche Parfümindustrie hat selbstverständlich gleich gerochen, dass man mit diesem natürlichen Duft Geld machen kann. Das Allertollste an Moschus ist nämlich, dass man aus dem salbenartigen Sekret das Moschusduft-Molekül herausziehen kann. Übrig bleibt dann eine Art Gel, das sich nun mit beliebigen anderen Duftstoffen anreichern lässt. Und siehe da: Nichts bringt die Duftmarke eines Parfüms besser zur Geltung. Das Moschusgel saugt Jasmin, Flieder oder Veilchen auf wie ein Schwamm, weshalb jedes gute Parfüm Moschusgel als Grundlage enthält und auf der Frauenhaut wesentlich länger duftet als ein billiges Wässerchen.

Welches Parfüm trägt der Moschusochse?

Damit erklärt sich von selbst, warum gute Parfüms in der Regel so teuer sind: Moschus kann man bisher nicht synthetisch nachbilden, das heißt, man muss ihn sich von den Tieren holen – übrigens nicht vom Moschusochsen, sondern praktischer vom Moschustier, das mittlerweile in asiatischen Farmen für diesen Zweck gezüchtet wird. Dieses Tier trägt unter dem Nabel ein Beutelchen mit Moschus, das einmal im Jahr ausgekratzt werden kann, ohne dass dem Tier dabei etwas geschieht. Ergebnis: Kärgliche sechs bis acht Gramm Moschussalbe bekommt man pro Tier. Kein Wunder, dass das Sekret teurer aufgewogen wird als Gold!

So verführerisch Moschusochsen und Mochustiere riechen, so hemmungslos verpestet das Stinktier seine Umwelt, wenn ihm jemand zu nahe tritt. Wer ein Stinktier, oder Skunk, überfährt – das wissen die Amerikaner –, der kann hinterher sein Auto wegschmeißen. Denn die üble Eiweiß-Schwefelverbindung, die das Tier zur Verteidigung aus Drüsen am Hinterteil abspritzt, stinkt wie der Teufel. Man hat eine Vorstellung davon, wenn man schon mal einen Iltis gerochen hat – in der Disco oder in freier Wildbahn. Eine Odelgrube ist ein Parfüm gegen den Skunk-Gestank! Deshalb kann dieses Tier auch völlig ungeniert in seinem wild gemusterten schwarzweißen Hippielook herumrennen. Es hat keine Feinde, denn wer würde schon gern eine Stinkbombe zum Mittagessen verspeisen?

Welches Parfüm trägt der Moschusochse?

Lachen Hühner?

Bei Pferden klingt es oft, als ob sie lachen, wenn sie wiehern. Bei Menschen klingt es manchmal, als ob sie wiehern, wenn sie lachen, oder wir meinen: da lachen ja die Hühner. Dabei hört es sich für unsere Ohren nur so an, weil das normale Gegacker der Hühner eine Ähnlichkeit mit den menschlichen Lachlauten hat – genau wie das Wiehern des Pferdes.

In Wirklichkeit wiehert das Pferd vor freudiger Erregung oder zornigem Missmut. Das Huhn gackert zum Beispiel, wenn es sich gerade tierisch anstrengt, ein Ei zu legen. Der Rotfuchs scheint im Januar nur noch zu kichern, aber das sind reine Balzlaute in der Paarungszeit. Und der Delfin kiekst in höchsten Tönen, weil er sich damit über hundert Seemeilen mit anderen Delfinen verständigen kann. Wenn der australische Rieseneisvogel, der „Lachende Hans" oder Kookaburra, im Duett loslegt, mag das an eine fröhliche Skatrunde erinnern, dient aber der Revierabgrenzung.

Nur Schimpansen haben wirklich was zu lachen, denn sie verfügen wie der Mensch über Lachmuskeln. Damit sind sie die einzigen Tiere, die das Gesicht zu mimischem Lachen verziehen können – und dabei herzhaft quieken und sich den Bauch halten. Denn Schimpansen lachen wirklich vor Freude.

Hunde haben zwar keine Lachmuskeln, aber dafür einen besonderen Trick auf Lager, der ein sympathisches Grinsen in ihr Gesicht zaubert: Sie entblößen die Zähne, wenn sie Schokolade zu fressen kriegen – und können damit sicher sein, dass sie wieder und wieder Schokolade bekommen, weil sie dann immer so nett grinsen.

Wenn Tiere auch nicht in unserem Sinne, also zum Beispiel über einen guten Witz lachen können, haben sie doch durchaus Sinn für Humor. Der junge Elefant Gajendra aus dem Münchner Tierpark zum Beispiel hatte sich einmal am Stoßzahn verletzt. Der gesplitterte Zahn musste mit einem Stahlring zusammengehalten und mit einem Superkleber geklebt werden – eine Konstruktion, die vom Zahnarzt für das ganze Elefantenleben gedacht war. Ein paar Wochen nach der Operation kam der Elefant wie jeden Morgen auf den Tierpfleger zu, um ihn zu begrüßen, drückte ihm dabei aber heimlich etwas in die Hand: den abgezogenen Stahlring. Und dazu hätte er wohl ganz elefantös gegrinst, wenn es ihm möglich gewesen wäre.

Tiere können also schon schlitzohrig sein, aber nie hämisch wie der schadenfrohe Mensch. Der Kuckuck legt andern Vögeln gern ein Kuckucksei ins Nest und lässt die ahnungslosen Leiheltern wochenlang seine Jungen ausbrüten – aber nicht weil er sich einen Spaß mit ihnen macht, sondern weil sein Instinkt ihm sagt, dass das nützlich für ihn ist. Nutzdenken und Egoismus sind dem Tier durchaus eigen, Schadenfreude kennt dagegen nur der Mensch. Selbst die albernsten Hühner lachen sich nicht gegenseitig aus.

Lachen Hühner?

Ziegen meckern den ganzen Tag. Und wir fragen uns, was zum Kuckuck passt ihnen denn nicht? Was für ein Missverständnis: Denn die Ziegen halten einfach nur ein nettes Schwätzchen – so wie die Schnattergänse. Konrad Lorenz wurde einmal gefragt, was die Hausgänse denn miteinander zu bereden hätten. Seine Antwort: „Sie reden ein entsetzlich dummes Zeug." Was für ein Zeug, wusste er wohl auch nicht so genau, aber das Miteinander-Schnattern macht den Gänsen offensichtlich Spaß. Und immerhin haben sie auf diese Art und Weise das Kapitol in Rom vor dem Sturm der Vandalen gerettet.

Sind Ziegen alte Meckertanten?

Es gibt unter den Tieren wie unter den Menschen geschwätzigere und schweigsamere Gesellen. Fische sind notgedrungen stumm, bis auf den Knurrhahn und den knurrenden Gurami, die mithilfe ihrer Muskeln an der Schwimmblase knurrende Laute erzeugen können – beim Liebesspiel, bei der Balz oder bei der Revierverteidigung. Aber auch der stumme Fisch kann sich mit seinesgleichen verständigen – über bestimmte Signale. Beim Menschen würden wir sagen: Er bedient sich der Körpersprache. Das ist eine der Möglichkeiten für Tiere, miteinander zu kommunizieren.

Vögel wie der Pfau zeigen zum Beispiel ihre Augenflecken als Balzaufforderung. Alle Säugetiere verfügen über eine arteigene Körpersprache. Man denke nur an die Körperhaltung zweier Hunde, die sich auf der Straße begegnen. Ihre Körpersprache redet Bände …

Eine andere Verständigungsmöglichkeit ist das Erzeugen von Tönen und Lauten. Tiere verfügen zwar über keinen Wortschatz, können also nicht stundenlang über ihre Artgenossen lästern, wie wir es gerne tun, aber wenn es darauf ankommt, verstehen sie sich schon. Denn sie haben ein unglaublich breites Repertoire an unterschiedlichsten Stimmfühlungslauten. Die jungen Küken beispielsweise stimmen sich noch in den Eiern durch Piepstöne ab, wann sie gemeinsam schlüpfen wollen. Durch diesen Schachzug haben sie eine viel größere Chance zu überleben und gemeinsam aufzuwachsen.

Pinguineltern finden ihre Jungen in riesigen Pinguinscharen wieder, indem sie über Piepslaute Kontakt mit ihnen aufnehmen. Und die berühmten Walgesänge sind keine komische Meeresoper, sondern die Unterhaltung der Wale – über bis zu hundert Seemeilen Entfernung hinweg.

Es gibt noch eine dritte Art der Verständigung bei Tieren: über „Pheromone". Das sind Duftstoffe, die ausgeströmt werden, um einen Balzpartner anzulocken. Ein besonders empfindliches Näschen hat der Seidenspinner. Er kann auf fünf Kilometer Entfernung wahrnehmen, ob da irgendwo ein Weibchen balzbereit ist. Und dann nichts wie losgeflogen – immer der Nase nach.

Sind Ziegen alte Meckertanten?

Zugegeben: Besonders auffällig oder flippig sieht die graue Maus nicht gerade aus. Sie hat keinen Modetick, sondern geht mit ihrem uniformen grauen Fell in der Mäusemasse unter. Und genau das ist der Trick! Eine Maus, die mit buntem Leuchtröckchen herumsausen würde, wäre schnell ein leckerer Mäusebraten für den herabstürzenden Bussard oder Habicht. Es geht für die Maus also darum, ein möglichst unauffälliger Teil der grauen Masse zu sein. Nur dann hat das hauptsächlich dämmerungs- und nachtaktive Tierchen eine Überlebenschance.

Ist die graue Maus spießig?

Aber so, wie aus dem hässlichen Entlein ein stolzer Schwan werden kann, gibt es auch den ein oder anderen Fall, in dem sich eine graue Maus zum richtigen Star gemausert hat. Denken wir nur an Mickymaus, Speedy Gonzales und Jerry. Diese Celebrity-Mäuse entsprechen freilich dem Schönheitsideal des Menschen: Knopfaugen, übergroße Ohren und der hübsche kleine Körper mit dem süßen Schwänzchen (ganz anders als der eklig lange Rattenschwanz) – das ist für uns einfach zu putzig anzusehen.

Walt Disney, der Mickymaus-Erfinder, konnte sich da hundertprozentig auf das Lorenz'sche Kindchenschema verlassen. Das ist eine Signalsprache, die weltweit verstanden wird, ohne dass auch nur eine Zeile Text notwendig ist. Jeder Mensch verfällt beim Anblick von Mickymaus sofort dem Liebhabsyndrom: O wie süß, die will ich streicheln.

Mickymaus und Co. haben mit ihren Artgenossen wirklich nicht mehr viel gemeinsam. Sie haben keine Fraßfeinde – Tom würde Jerry nie im Leben tatsächlich erwischen! – und sind völlig asexuell. Was Mickymaus und Minniemaus anstellen, wissen wir nicht so genau. Jedenfalls kann es nicht der Fortpflanzung dienen, denn Mickey und Minnie vermehren sich nicht – ganz im Gegensatz zu der Masse der Mäuse. Kein anderes Säugetier vermehrt sich so exponentiell wie die Maus, was notwendig ist, weil sie so viele Feinde hat. So kann aus einem einzigen Mäusepärchen, das sich in unserer Speisekammer einnistet, eine richtige Mäuseplage werden. Dann finden wir sie nicht mehr ganz so niedlich. Gegen angefressene Lebensmittel und zerlegte Trockensträuße helfen doch nur Mausefallen oder eine Katze mit Jagdinstinkt.

Richtig schlecht geht es der armen Kirchenmaus. So eine Kirche ist nämlich der undankbarste Ort für eine Maus. Nur von Weihwasser allein kann sie nicht leben, und von Gebetbüchern kann man zwar runterbeißen, sie machen aber nicht satt. In der Kirche können sie also nicht viel Unheil anrichten. Ansonsten haben wir Mäuse nirgends so gern wie auf dem Feld – und in unserem Geldbeutel. Wenn wir mit „Mäusen" bezahlen, hoffen wir wohl, sie möchten sich im Portemonnaie ähnlich vermehren wie die Mäuse in freier Wildbahn. Aber leider vermehrt sich Geld erst, wenn man schon genug davon hat.

Ist die graue Maus spießig?

Haben Tiere Angst im Dunkeln?

Nicht alle Tiere sind mit nachtsichtigen Katzenaugen ausgestattet. Und doch bringt sie so leicht nichts aus der Ruhe, weil sie ohnehin mehr mit der Nase als mit den Augen sehen. Warum sollten sie also Angst vor der Dunkelheit haben?

Es gibt trotzdem Angsthasen unter den Tieren. Eine traumatische Erfahrung in der Kindheit, und schon wird aus dem schärfsten Hofhund ein trauriger Jammerlappen. Der Fiffi, der einmal im finsteren Keller in eine Mausefalle getappt ist, wird freiwillig nie mehr die „Monsterhöhle" betreten. Und auch Silvesterknaller oder Gewitterdonner können Haustiere verschrecken. Hund oder Katze haben also einen kleinen Psychoknacks, wenn sie sich zitternd im Körbchen verkriechen. Es muss aber nicht immer gleich der Hundepsychiater her, im Zweifel hilft Streicheln und gutes Zureden.

Tiere in freier Wildbahn sind in der Regel sehr anpassungsfähig. In Gebieten, in denen Rotwild oder Wildschweine durch Jäger gestört werden, sind die Tiere rein nachtaktiv. Sie passen ihre Augen so gut an die Dunkelheit an, dass sie nachts bestens sehen können. In Gebieten, die für die Jagd verboten sind, beispielsweise im Schweizer Nationalpark, sieht man das Rotwild dagegen am helllichten Tag herumspringen. Wenn das Wild aber im Spätherbst nach Österreich abwandert, stellt es sich wieder auf das nächtliche Leben um, weil dort nämlich gejagt wird.

Für alle Tiere mit Katzenaugen, also Beutegreifer wie Luchs, Fuchs, Wolf oder Marder, ist Dunkelheit ohnehin kein Hindernis. Ihre Augen funktionieren wie ein Nachtsichtgerät und da sie die Dunkelheit bestens schützt und verbirgt, haben sie eher Angst vor dem Hellen. Das Katzenauge, das so schön und bedrohlich glüht, hat sozusagen eine eingebaute Lichtmaschine, einen Restlichtverstärker. Das heißt, hinten im Auge gibt es eine Schicht, die das Licht, das ins Auge eindringt, noch einmal zurückwirft und dadurch den Reiz aufs Auge verstärkt, sodass es besser sehen kann. Diesen Scheinwerfern entgeht nichts, was schutzlos und fressbar ist. Es ist also auch im Tierreich vorteilhafter, Katzen- statt Hühneraugen zu haben.

Viel Beute treibt sich nachts aber nicht herum, denn auch in Wald und Feld herrscht dann Ruhe. Auch Tiere brauchen ihren Schlaf, je kleiner sie sind, desto häufiger. Und umgekehrt: Ein ausgewachsener Elefant schläft so gut wie gar nicht – und wenn, dann döst er im Stehen eine Weile vor sich hin, aber auf keinen Fall länger als vier Stunden. Er kann es sich gar nicht leisten zu verschlafen, denn er würde verhungern! Ein großer Elefant muss nämlich mindestens zwanzig Stunden am Tag fressen, um seine 245 000 Kalorien reinzukriegen. Da bleibt leider kaum Zeit für einen Verdauungsschlaf, aber dafür natürlich auch keine Zeit für Angst im Dunkeln, da man schließlich satt werden will.

Haben Tiere Angst im Dunkeln?

Warum haben Bienen keine Wespentaille?

Wer sagt denn, dass Bienen keine Wespentaille haben? Unter der Lupe sieht man es ganz genau: Auch die Biene ist zwischen Ober- und Unterleib zweigeteilt. Der Wespenkörper macht nur deshalb eine so gute Figur, weil er lang gestreckter ist und damit eleganter wirkt.

Wofür die Wespentaille gut sein soll, ist eine andere Frage. Es könnte eventuell für die Wärmeableitung beim Fliegen von Vorteil sein, eine größere Körperoberfläche zu haben. In diesem Fall dürften Wespentaillen kühlen. Menschenfrauen brauchen also keine Wespentaille, weil sie ohnehin ständig frieren und schließlich nicht durch die Gegend fliegen.

Während wir uns im Fitness-studio abstrampeln und jede Kalorie einzeln zählen, braucht sich die Wespe an überhaupt keinen Diätplan zu halten. Die Taille bleibt schlank, auch wenn die Wespe alles frisst, was ihr in die Quere kommt. Sie ist nämlich geradezu fresssüchtig. Im Gegensatz zur streng vegetarisch lebenden Biene futtert die Wespe Süßigkeiten genauso gern wie Fleisch und Bier. Außerdem verputzt sie haufenweise kleine Schadinsekten. In gewisser Weise ist also auch sie ein fleißiges Bienchen.

Zum großen Ärger aller FC-Bayern-Fans ist die Wespe ständig im gelb-schwarzen Ringeloutfit von Borussia Dortmund unterwegs. Das hat seinen guten Grund. Denn Gelbschwarz ist auffällig und heißt im übertragenen Sinne: „Achtung, komm mir nicht zu nahe, sonst stech ich dich – oder schieß ein Tor!" Eine Drohung, die Wespen beliebig oft wahrmachen können. Deshalb hat sie mit dieser Warnzeichnung auch mehr Erfolg als ihr menschliches Torjäger-Imitat.

Nun haben sich ein paar schlaue Fliegen gedacht, wenn Gelbschwarz so abschreckend aussieht, dann verkleiden wir uns doch einfach. Seither tun die Schwebfliegen als „Mimikry" so, als seien sie Wespen. Sie sehen so aus (gelbschwarz gestreift), summen und fliegen wie Wespen, können aber nicht stechen. Die Vögel fallen prompt auf den Bluff herein und bleiben den Mimikry vom Hals. Man will ja schließlich nichts fressen, was einen in den Hals stechen könnte. Uns Menschen geht's nicht anders. Vor der harmlosen Schwebfliege laufen wir davon, und die biestige Wespe erwischt uns dann doch, weil wir unser Kuchenstück unbedingt auf dem Balkon genießen müssen.

Unklüger ist nur noch, in ein Wespennest zu stechen. Die Wespe sieht mit ihren Komplexaugen leider ganz genau, wer der Übeltäter war und nimmt sofort die Verfolgung auf – zusammen mit dem ganzen Schwarm. Es ist also keine Einbildung, dass Wespen einen verfolgen, wenn man panikartig flüchtet, um sich und sein Eis zu retten. Sie sehen gut, riechen fantastisch und sagen es fairerweise immer gleich weiter, wenn's irgendwo was Leckeres gibt. Deshalb kommt eine Wespe so selten allein.

Warum haben Bienen keine Wespentaille?

Kriegen Gänse Gänsehaut?

Gänse kriegen sie nicht nur: sie haben eine Gänsehaut! Nur können wir sie nicht sehen – es sei denn, die Gans ist gerupft und die Gänsehaut wird schön knusprig braun im Ofen gebraten. Dann ist jede einzelne Pore sichtbar, aus der einmal eine Feder gewachsen ist, ähnlich wie bei uns, wenn wir eine Gänsehaut haben und sich uns die Haare aufstellen.

Gänsehaut als Angst- oder Schockreaktion kennt auch die Gans. Ihr stehen zum Beispiel die Federn zu Berge, wenn der Fuchs in der Nähe herumspaziert und sie stehlen will. Beim Menschen werden, wenn es ihn schaudert, durch winzige Haarmuskeln unter der Haut die Haare aufgerichtet, bei der Gans die Federn. Und auch bei anderen Tieren kann man diese Zorn- oder Angstreaktion beobachten, am schönsten beim Orang-Utan. Wenn er jemanden nicht leiden kann, stellt sich ihm das komplette Fell auf! Dagegen verblasst jede mühsam zurechttoupierte menschliche Mähne.

Gänsen, die in so einem aufgebrachten Zustand sind, sollte man übrigens lieber nicht in die Quere kommen, denn so ein ausgewachsener Ganter – sechs oder sieben Kilo schwer – kann massiv zwicken. Vor allem Kinder können sich böse blaue Flecken einfangen, und wenn der Ganter mit seinem Flügel zuschlägt, kann ein Kinderarm sogar brechen. Richtig nah heranwagen sollte man sich also nur an eine Weihnachtsgans: diese ist bei weitem am bekömmlichsten.

Ein Problem hat die Gans allerdings nicht: Sie friert nie. Während wir Menschen oft bibbern, schlottern und eine Ganzkörpergänsehaut kriegen, weil es abends kalt wird und wir wieder mal nicht warm genug angezogen sind, bekommt die Gans nicht mal im eisigen Wasser kalte Füße. Wie fantastisch ein schöner Daunenschlafsack wärmt, wissen wir. Es ist also kein Wunder, dass die Gans unter ihrem Daunenfederkleid vor der Kälte geschützt ist. Aber was die Füße betrifft, bedarf es schon eines speziellen Tricks, damit sie im kalten Wasser nicht absterben.

Die Gans und andere Wasservögel haben eine Art eingebaute Dampfheizung. Um Venen und Arterien herum spannen sich Muskeln, die wie ein Ventil funktionieren. Wenn es im Winter sehr kalt ist, kann die Gans diese Muskeln wie die Ventile einer Dampfheizung einfach schließen, und es wird nur noch ein Teil des Fußes durchblutet – gerade genug, dass immer ausreichend Sauerstoff und Wärme vorhanden sind. Die Körpertemperatur ist in den Füßen dann deutlich tiefer als im restlichen Körper. Im Gegenstromprinzip wird das zum Herzen rücklaufende Blut zusätzlich erwärmt – eine unheimlich Energie und Wärme sparende Methode!

Die Gans kann wahlweise aber auch einfach die Füße einziehen, und schon sind sie im Daunenschlafsack warm verpackt – auch ganz praktisch.

Kriegen Gänse Gänsehaut?

Brennen Glühwürmchen durch, wenn sie nass werden?

Zum Glück hat das Glühwürmchen weder einen Plus- noch einen Minuspol, sodass es auch bei Regen keinen Kurzschluss geben kann. Wenn das Glühwürmchen sein grünes Lämpchen anknipst, dann ist das kein elektrisches Licht, sondern ein kaltes Licht, das keine Wärme erzeugt, eine so genannte „Biolumineszenz". Das heißt, das Licht wird durch eine komplizierte chemische Reaktion erzeugt, wobei fettgewebsähnliche Substanzen abgebaut werden. Zu Ehren des ehemals obersten und dann zum Teufel degradierten Lichtengels Lucifer trägt das Leuchtenzym, das diese Reaktion in Gang setzt, den Namen „Luciferase". Die chemische Lichterzeugung hat den Vorteil, dass die Tiere nie die Glühbirne wechseln müssen.

Große Glühwürmchen können auch nicht miteinander durchbrennen, denn nur die Weibchen leuchten. Das ist ihre Art, einen Sexualpartner anzulocken. Die männlichen Glühwürmchen springen auf das grüne Licht sofort an, und in der Regel werden sie von den Weibchen auch freundlich empfangen.

Nur amerikanischen Glühwürmchenmännern kann ihre Gutgläubigkeit zum Verhängnis werden. Bei dieser Sorte sind die Weibchen nämlich so raffiniert, fremde Männchen durch das Glühen anzulocken, nicht in der Absicht, sich mit ihnen zu paaren, sondern um sie aufzufressen …

Bei uns gibt es diese heimtückischen Biester nicht. Wenn wir die Glühwürmchen in lauen Juninächten vor unserer Nase herumschwirren sehen, dann verdrehen die Weibchen den Männchen gerade ordentlich den Kopf.

Das Glühwürmchen ist übrigens nur eines von vielen Lebewesen, die leuchten können. Es gibt bestimmte Einzeller, die „Dinoflagellaten", die durch Biolumineszenz das Meeresleuchten hervorrufen. Dies kann so hell sein, dass man nachts sogar auf dem Meer Zeitung lesen kann. Es gibt glühende Tausendfüßler, Leuchtmoose und einen leuchtenden Pilz, den Hallimasch, der unten an der Wurzel glüht. Trotz der Chemie: Der Hallimasch schmeckt prima, wenn man nur die Hutkappen abpflückt und die faserigen Glühwurzeln stehen lässt. Allerdings muss man ihn gut kochen, damit er nicht nach Seife schmeckt. Bestimmte Tiefseetintenfische speichern sich leuchtende Bakterien in die Haut der Fangarme ein, um damit Beute anzulocken. Das Glühen kann aber auch zur Feindabschreckung eingesetzt werden. In den allermeisten Fällen ist uns die Funktion des Leuchtens aber schlichtweg nicht bekannt. Man kann davon ausgehen, dass es irgendwie nützlich ist und Energie sparend sowieso. Der hier zu Lande verbreitete Glühwein hat mit der Biolumineszenz übrigens nichts zu tun, auch wenn nach seinem Genuss so manche Birne glüht.

Brennen Glühwürmchen durch, wenn sie nass werden?

Machen Tiere Urlaub?

Tiere kriegen zwar kein Urlaubsgeld, aber trotzdem packt sie zuweilen das Reisefieber. Wenn es bei uns im Herbst kalt und ungemütlich wird, setzt ein geradezu tierischer Massentourismus in Richtung Süden ein. Stare, Grasmücken, Störche, Seeschwalben – alle zieht es in wärmere Gefilde. Praktischerweise müssen sie dazu nicht wie wir einen möglichst günstigen Flug buchen, sondern sie fliegen selbst – zum Teil bis zu 7000 Kilometer weit!

Freilich machen die Zugvögel in Südeuropa oder Afrika nicht in unserem Sinne „Urlaub". Sie liegen nicht am Strand rum oder besaufen sich in einschlägigen Kneipen. Schließlich sind sie nicht nur zum Vergnügen so weit geflogen, sondern aus purer Notwendigkeit. Im Norden würden sie während der Wintermonate verhungern.

Es gibt aber auch Tiere, die ab und zu einen Klimawechsel brauchen, um glücklich zu sein. Wale zum Beispiel schwimmen auf ihrer Hochzeitsreise in den Süden und kehren erst zum Füttern der jungen Kälber in den Norden zurück. Sie unternehmen also erst noch mal eine Luxuskreuzfahrt, bevor der Ernst des Lebens beginnt.

Anderen Tieren ist ihr ganzes Leben lang keine Ortsveränderung vergönnt. Das liegt daran, dass die Wald- und Wiesenbewohner rechte Stubenhocker sind. Ob Reh, Dachs, Fuchs oder Rotkehlchen, wer einmal sein Plätzchen zum Wohnen gefunden hat, zieht nie mehr um – und könnte es auch nicht, weil der Nachbar das als persönlichen Angriff empfinden und sein Revier verteidigen würde. Es gäbe also nichts als böses Blut.

Wenn der Mensch seinen Hund mit ins teure Luxushotel am Mittelmeerstrand nimmt, dann ist auch nicht gesagt, dass er ihm damit einen Gefallen tut. Nicht, dass der Hund undankbar wäre, aber seine gewohnte Umgebung ist ihm am liebsten. Und so weiß er es gar nicht zu schätzen, dass er am weißen Sandstrand von Capri oder Hawaii Gassi gehen darf. Im besten Fall ist es ihm genauso recht wie zu Hause.

Hunde brauchen nicht unbedingt Urlaub, weil sie im Normalfall keine Pflichten haben, von denen sie ausspannen müssen. Das ist bei Arbeitstieren etwas anderes. Wenn es um ihren Feierabend geht, verstehen die Elefanten in Indien zum Beispiel keinen Spaß. Ihr Tagesablauf ist auf die Minute geregelt: Morgens um vier wird der Elefant aus dem Dschungel geholt, gefüttert und gebadet. Dann wird gearbeitet, bis um zehn Uhr die Sonne zu heiß geworden ist. Es folgt eine Siesta bis zwei oder drei Uhr nachmittags. Danach langt der Elefant willig noch einmal zu, bis er pünktlich auf die Minute in seinen wohlverdienten Feierabend in den Dschungel geschickt wird. Die Elefantenführer halten sich peinlich genau an die tariflich vereinbarte Vierzig- oder Fünfzig-Stunden-Woche. Denn einen Elefantenstreik können sich die Inder nicht leisten. Und wer will sich schon gegen einen Elefanten als Streikbrecher wichtig machen?

Machen Tiere Urlaub?

Wie findet die Kuh die Kuhglocke?

Es geht natürlich nicht darum, wie die Kuh die Glocke findet, sondern wie der Mensch die Kuh wieder findet. Nur deshalb hängen die Almbauern Kühen Glocken um den Hals.

Wenn der Senner alle zwei Wochen zu den Tieren auf die Almweiden hochwandert, um sie mit Salz zu versorgen, erkennt er seine Herde inmitten der vielen grasenden Kühe hoch oben in den Bergen am Klang der Glocke wieder. Er ruft nach der Leitkuh, die normalerweise als Einzige eine Glocke um den Hals trägt, und schon kommt sie angetrottet und die ganze Herde hinter ihr her. Die Kühe wissen nämlich genau, dass der Senner ihnen Salz mitbringt. Dieses streut er übrigens nicht wie bei der Hasenjagd den Kühen auf den Schwanz, um sie zu fangen. Er bringt es ihnen, um die Tiere mit wichtigen Mineralstoffen zu versorgen, die im Gras nicht in ausreichender Menge vorhanden sind.

Was für den Senner eine praktische Einrichtung ist, hat auch für die Kühe selbst eine immense Bedeutung. Die Kuhglocke gilt sozusagen als Statussymbol. Es gibt Kühe, die regelrecht vor Stolz durchdrehen, wenn sie die Glocke umgehängt bekommen. Endlich müssen alle anderen Kühe sie als Chefin anerkennen!

Eingebildete Kühe sind jedoch für derartige Führungspositionen nicht geeignet, und Kühen, die sich schlecht benehmen, muss der Senner die schöne Glocke leider wieder wegnehmen.

Im Allgäu tragen in der Regel alle Kühe auf der Weide eine Glocke, nicht weil sie sonst vor lauter Neid Mobbing betreiben würden, sondern weil es so Brauch ist. Vermutlich hat das mit der religiös kultischen Bedeutung der Glocke zu tun. Die Menschen haben immer geglaubt, dass Glocken Geister abwehren. Deswegen tragen zum Beispiel in der Mongolei auch Pferde Glocken, und die Beduinen schmücken ihre Kamele mit kleinen Schellen an Hals und Beinen. Man denke nur an den Symbolgehalt der Glocken für das Christentum oder die Schellen des Hofnarren.

Wenn der Winter kommt und die Kühe zurück in den Stall getrieben werden, ist es aus mit all der Pracht. Die Glocken werden allesamt abgenommen, um einen Höllenlärm im Stall zu vermeiden.

Die Kühe sind darüber aber nicht traurig, denn im Stall herrscht ohnehin eine völlig andere Rangordnung als auf der Weide. So kann man wegen der Anhängehaltung im Stall mit der Nachbarin überhaupt nicht raufen, zumal der Bauer immer nur befreundete Kühe nebeneinander aufstallt. Die Kuhglocke ist hier also nicht nötig und wird von den Kühen auch nicht vermisst.

Dafür freut sich die Kuh im Frühjahr umso mehr, wenn sie die Glocke wieder tragen darf. Je dunkler der Klang ist, umso angenehmer findet sie das. Schrille Töne führen unter Umständen zu Rinderwahn.

Wie findet die Kuh die Kuhglocke?

Können Schweine pfeifen?

Wer glaubt, dass sein Schwein pfeift, hat sich verhört. Denn um pfeifen zu können, so wie wir Menschen das definieren, braucht man spezielle Lippenmuskeln. Und die hat das Schwein nicht, was nicht heißt, dass Schweine unmusikalisch sind. Genau genommen besitzen sie sogar eine einzigartige Kastratenkopfstimme, mit der sie hinreißende Quiektöne von sich geben können. Nur unserem menschlichen Empfinden nach schreien sie wie am Spieß.

Tiere sind sehr wohl musikalisch, schon weil ihr Gehör dem des Menschen weit überlegen ist. Sie hören eine wesentlich breitere Skala von Tönen – bis hin zu Infra- und Ultraschallfrequenzen. Deshalb tanzt der Hund gleich an, wenn sein Herrchen ihn mit der Hundepfeife lockt. Obwohl kein menschliches Ohr auch nur den geringsten Laut vernommen hat.

Dass Singvögel singen können, liegt auf der Hand. Wenn sie morgens vor unserem Fenster zwitschern, beginnt der Tag voll Harmonie. Und wenn am Abend die Nachtigall trällert, ist das für uns der Inbegriff von Romantik. Richtige Sangeskünstler sind aber ausgerechnet die, von denen wir immer abfällig behaupten, dass sie krächzen: der Papagei, der Star oder der Kolkrabe. Wenn wir diesen Vögeln ein hübsches Liedchen vorpfeifen, dann können sie es bald wunderbar mitpfeifen, obwohl auch sie keine Lippen, sondern einen Schnabel haben. Krähen- und Papageienvögel sind nämlich hervorragende Stimm- und Geräuschimitatoren – wobei sie alle Laute, die wir mit Zunge, Lippen und Rachenraum formen, aus dem Kehlkopf hervorpressen. Pfeiftöne werden immer dadurch erzeugt, dass Luft mit erhöhter Geschwindigkeit ausgestoßen wird. Der Mensch macht's durch die Lippen, Kolkrabe und Kakadu durch den Kehlkopf. Das Geräusch hört sich in beiden Fällen gleich an.

Übrigens soll so mancher Kakadu seinen Besitzer schon zur Verzweiflung getrieben haben: Er kann nämlich auch das Klingeln des Telefons perfekt nachahmen. Und wenn der Mensch dann zum Telefon rennt, ist schon wieder keiner dran.

Andererseits: Schimpansen und Gorillas haben Lippen wie wir Menschen und können trotzdem nicht pfeifen. Sie haben einfach nicht gelernt, mit den Muskeln des Mundes entsprechend umzugehen.

Dafür können Elefanten auf zwei Fingern pfeifen! Das ist kein Witz. Der afrikanische Elefant hat zwei Rüsselfinger an der Rüsselspitze, womit er gern den Tierwärter herbeipfeift, wenn er Hunger hat.

Dass Kühe musikalisch sind, haben Wissenschaftler längst bewiesen. Bei Versuchen haben sie festgestellt, dass die Kuh mehr Milch gibt, wenn klassische Musik im Hintergrund läuft. Kühe haben offensichtlich einen konservativen Musikgeschmack. Bei Technomusik knausern sie mit der Milch. Dafür sprudelt bei Bach die Milchquelle.

Können Schweine pfeifen?

Die Gottesanbeterin sieht tatsächlich ein bisschen aus wie eine Nonne: die Hände immer zum Gebet erhoben. Doch das ist eine scheinheilige Geste, denn in Wahrheit ist die Gottesanbeterin alles andere als fromm.

Das bekommen vor allem die Männchen zu spüren, die weiß Gott allen Grund hätten, sich über das Betragen der Weibchen zu beklagen – wenn sie dazu Gelegenheit hätten. Aber hinterher ist es immer zu spät. Da sind sie dem hinterhältigen Weibchen schon ins Netz gegangen, haben sich umgarnen und verführen lassen und wurden vernascht – im wahrsten Sinne des Wortes. Denn schon während des Liebesaktes beginnt die Gottesanbeterin, das Männchen aufzufressen. Sie ist nämlich sehr gläubig, was den eigenen Magen anbelangt. Mit dem verspeisten Männchen deckt sie zusätzlich ihren Eiweißbedarf, den sie braucht, um möglichst viele Eier legen zu können.

Ist die Gottesanbeterin gläubig?

Die Schwarze Witwe hat ebenfalls keinen Grund zu trauern. Schließlich hat sie sich selbst zur Witwe gemacht – nach der bewährten Methode der Gottesanbeterin. Während der Begattung spinnt die 15 Millimeter große Spinne einen Kokon um das nur fünf Millimeter große Männchen, um es hinterher aussaugen zu können. Richtig fies, aber das geschieht nur zum Wohl der nächsten Generation.

Vielleicht sollten wir diesen „liebenswerten" Zug der Schwarzen Witwe im Auge behalten, um sie nicht gar so Furcht erregend zu finden. Man sollte sich aber schon vor ihr in Acht nehmen, denn ein Biss der Schwarzen Witwe ist in der Regel zwar nicht tödlich, aber doch sehr schmerzhaft. Wie alle Giftspinnen beißt sie mit ihren hohlen Kieferklauen zu, in denen Gift enthalten ist. Die Folge: „Latrodectismus", das heißt eine Vergiftung durch die geheime Beißerin. Der Biss ist ungemein schmerzhaft, weshalb das Opfer „wie von der Tarantel gestochen" hochfährt. Gesunde Menschen können plötzlich wundstarrkrampfähnliche Zustände bekommen und der sizilianische Tanz „Tarantella" soll die Vergiftungssymptome nachahmen. Glücklicherweise gibt es ein gut wirksames Serum dagegen. Für Herzkranke kann der Biss allerdings lebensgefährlich sein.

Die Schwarze Witwe, die im Mittelmeerraum vorkommt, ist mit ihrem kleinen schwarzen Körper und dem roten Bauch auch schon die größte Bedrohung, die für uns Menschen von grusligen Spinnen ausgeht. Zwar gibt es tropische Spinnenarten, die ein für den Menschen tödliches Gift produzieren, sie sind aber so klein, dass ihre Kiefer nicht einmal die menschliche Haut zu durchdringen vermögen.

Die riesige Vogelspinne mit ihren monströs behaarten Beinen zum Beispiel tut zwar einer Fliege, aber keinem Menschen was zu Leide. Sie tötet ihre Beute mechanisch mit ihrem großen Kiefer, nicht mit Gift.

Ist die Gottesanbeterin gläubig?

Wer auch immer sie gezählt hat – mit Lupe oder Pinzette –, man weiß, dass der Igel etwa 16000 bis 17000 Stacheln hat, je nachdem, wie groß er ist. Ein Durchschnittsigel wiegt 1200 Gramm, schwergewichtigere Exemplare können bis zwei Kilo auf die Waage bringen und haben tatsächlich 17000 Stacheln, je einen Millimeter dick.

Man soll ja nichts auf Äußerlichkeiten geben, aber beim Igel lässt das äußere Erscheinungsbild doch tief blicken. Er ist ein richtiger „Rühr-mich-nicht-an" und reagiert auf Streicheleinheiten geradezu aggressiv. Wer sich schon mal getraut hat, einen Igel zu streicheln, hat ihn sicherlich entrüstet fauchen und zischen gehört. Dort, wo er berührt wird, spannt er spontan seine Hautmuskulatur an, und die Stacheln stellen sich auf. Diese Reaktion ist vor allem eine Schutzmaßnahme gegen Fraßfeinde, denn seinem Hauptfeind, dem Fuchs, vergeht der Appetit, wenn er von der Stachelkugel gepikst wird. Nur alte, erfahrene Füchse verstehen es, den Stachelpanzer zu knacken.

Wie viele Stacheln hat der Igel?

Können Igel also nie kuscheln? So richtig nicht, aber es gibt natürlich auch Igelsex, und keiner der beiden Partner wird dabei aufgespießt. Früher nahmen die Forscher an, dass Igel sich Bauch auf Bauch paaren. Das tut aber, wie man heute weiß, außer dem Menschen nur noch der Zwerg-Schimpanse. Auch bei den Igeln funktioniert die Paarung Bauch auf Rücken, wobei das Weibchen mithilfe der Hautmuskulatur die Stacheln so flach an den Körper legt, dass sie das Männchen nicht stechen. Die Prozedur ist aber für beide so anstrengend, dass sie nur wenige Sekunden dauert, dafür aber mehrfach wiederholt wird.

Als wäre sein Leben mit tausenden von Stacheln auf dem Rücken noch nicht kompliziert genug, kann der Igel auch noch dieselben Probleme haben wie wir mit unseren Haaren: Stachelausfall, Stachelspliss, verfilzte Stacheln und vor allem sehr viele Flöhe zwischen den Stacheln. Wenn man einen Igel findet, dem die Stacheln ausgehen, ist das ein Zeichen dafür, dass er krank ist. Es hilft aber wenig, das Tier mit nach Hause zu nehmen, und außerdem ist das ein Verstoß gegen den Naturschutz. Igel sind bestimmt keine kuscheligen Haustiere. Das tragen sie mit ihren Stacheln ganz deutlich zur Schau!

Wer den Igeln wirklich etwas Gutes tun will, der legt sich im Garten einen Benjeshaufen an. Dazu türmt man jede Menge alter Äste zu einem Haufen auf, der in kürzester Zeit von vielen verschiedenen Pflanzen wie zum Beispiel dem Springkraut oder der Goldrute durchwuchert wird. Dafür sorgen die Vögel mit dem Kot, den sie fallen lassen.

Über so einen Haufen freut sich nicht nur der Igel, sondern auch der Zaunkönig, die Ringelnatter und das Mauswiesel – und dazu macht er allemal mehr her als ein mickriger Gartenzwerg.

Wie viele Stacheln hat der Igel?

Gibt es kinderlose Karnickel?

Selbstverständlich gibt es kinderlose Karnickel – solange sie jünger als acht Monate sind. Danach sind sie geschlechtsreif und fangen an, sich buchstäblich zu vermehren „wie die Kaninchen".

Auf dieses Sprichwort hätte jeder kommen können, der irgendwann einmal ein Kaninchenpaar im Hasenstall sitzen hatte. Denn die Tiere sind so fruchtbar, dass man mit dem Zählen kaum nachkommt! Der Grund dafür ist die kurze Tragzeit von nur etwa 30 Tagen. Das hat zur Folge, dass das Weibchen von März bis November fünf- oder sechsmal Junge bekommen kann – und zwar bis zu 15 Stück pro Wurf. Rechnen wir also kurz nach: Ein einziges Kaninchenpaar kann innerhalb eines Jahres 90 Junge haben. Und jedes dieser 90 Jungen ist nach acht Monaten selbst wieder geschlechtsreif …

Und warum ist die Welt trotzdem nicht ausschließlich von Kaninchen bevölkert? Weil sie so viele Feinde haben wie kaum ein anderes Tier. Kaninchen sind nicht einfach nur unheimliche Sexprotze, die ihren Trieb nicht unter Kontrolle haben, sondern sie werden sozusagen von der Natur unter Druck gesetzt. Je mehr Kaninchen von Füchsen, Adlern und anderen Raubtieren gefressen werden, desto mehr Jungtiere müssen nachgezüchtet werden, damit die Art überleben kann. Der überdimensionale Sexualtrieb ist also eine Notwendigkeit – und nur dem Menschen lästig, der es gerne bei zwei Kaninchen im Stall belassen würde.

Aber selbst der potenteste Kaninchen-Mann würde vor Neid erblassen, wenn er wüsste, was ein Feldmäuserich zu Stande bringen kann! Ein Feldmauspärchen kann ganze Mäuselegionen in die Welt setzen – aber eben auch nur, weil die meisten davon sofort von größeren Tieren gefressen werden. Feldmausweibchen verdoppeln ihr Geburtsgewicht in etwa sechs Tagen. Nach elf Tagen sind sie bereits geschlechtsreif, Männchen nach 28 Tagen. Die Tragzeit dauert nur 24 Tage, und es werden jedes Mal 13 bis 15 Junge geboren (fünf- oder sechsmal im Jahr), die dann nach wenigen Tagen selbst Junge bekommen können. Diesmal brauchen wir nicht zu rechnen, um zu wissen, dass es eine Bevölkerungsexplosion gibt, wenn die Feldmaus anfängt zu „mausen". Aber wie gesagt: Sie hat viele Feinde. Das Naturgesetz ist relativ simpel: Je größer der Räuberdruck, das heißt die Zahl der Feinde ist, und je weniger Überlebenschancen die jungen Tiere haben, desto mehr müssen die erwachsenen Tiere für Nachwuchs sorgen.

Bestes Beispiel dafür sind die Fische. Der Sonnenfisch, ein eineinhalb Meter langer Ozeanriese, legt bis zu 300 Millionen Eier auf einmal ab – die schwuppdiwupp von Raubfischen gefressen werden. Und auch der Stör kann einem Leid tun: Von den acht Millionen Eiern, die er im Wasser ablegt, landen die meisten als Kaviar in Delikatessgeschäften. Nicht angenehm, wenn man den Menschen als Fraßfeind hat.

Gibt es kinderlose Karnickel?

Sind Schweine Ferkel?

Schweine sind wunderbar saubere und schöne Tiere mit einem unwiderstehlichen rosa Teint, wenn sie richtig gehalten werden. Mit anderen Worten: Die Menschen sind die Ferkel, weil sie die Schweine in engen Koben zusammenpferchen, anstatt ihnen Auslauf zu geben und sie auf der Wiese wühlen zu lassen. Schweine, die auf der Weide gehalten werden, stinken nämlich kein bisschen. Ganz im Gegenteil: Die Eber duften sogar aromatisch nach Trüffel, was die Menschen für die Trüffelsuche ausnutzen. Die Schweine spüren die kostbaren unterirdischen Pilze auf, weil sie mit ihrer feinen Nase glauben, ein anderes Schwein zu wittern.

Das Schwein wird also zum Schwein gemacht: Es suhlt sich im Dreck, weil Kot und Speisereste im Koben nun mal herumliegen und es keine Ausweichmöglichkeit hat. Eigentlich ist das eine Sauerei! Warum aber wälzen sich Schweine oder auch Hunde so gern am Boden? Sie wehren sich gegen Parasiten wie Läuse oder Flöhe, indem sie sie platt machen oder im Schlamm ersticken. Das haben wir Menschen in der Regel nicht mehr nötig, wir gehen im Fall der Fälle in die Apotheke.

Natürlich bleibt oft ein übler Duft an unserem Hund hängen, wenn er sich in Aas und Kot gesuhlt hat. Da hilft nur eins: ihn in die Wanne zu stecken und gut zu schrubben. Manche Hunde mögen das, andere würden's lieber gern bei der Katzenwäsche belassen. Trotzdem sind diese Hunde keine Schweine. Denn so eine Katzenwäsche ist bei Tieren ganz schön gründlich: Wenn sich Hund oder Katze mit der Zunge sauber lecken, auch im Analbereich, so ist das für die Tiere eine völlig ausreichende Hygiene.

Die Haut der Tiere ist mit Fettdrüsen so ausgestattet, dass sie sich selbst säubert – ähnlich wie das Ohr des Menschen, das ja auch nicht mit Wattestäbchen bearbeitet werden soll.

Tiere sind also im Grunde sauber. Wenn wir Menschen ihnen aber allzu nahe kommen, weil wir mit ihnen schmusen oder sie küssen wollen, dann hört der Spaß auf. Dann ist nämlich gewiß nicht der Hund das Ferkel! Einen Hund mit ins Bett zu nehmen, ist sogar gesundheitsgefährdend, denn er kann wirklich üble Krankheiten übertragen – Salmonellen oder den Fuchsbandwurm zum Beispiel. Der Erreger lauert auch oft im Hundekot in Sandkästen von Spielplätzen. Wer also Kinder nicht gefährden will, lässt seinen Hund regelmäßig untersuchen und entwurmen – und abgesehen davon natürlich sein Geschäft nicht auf dem Spielplatz verrichten!

Auch eine Katze ist kein Schmusetier, schon gar nicht für Schwangere. Sie kann nämlich Toxoplasmose übertragen, eine gefährliche Krankheit, die zu Abgang oder Frühgeburt führt oder das Kind mit einem Wasserkopf auf die Welt kommen lässt.

Also: zum engen Schmusen sind Tiere nicht geeignet. Dafür sind die Tiere mit dem Knopf im Ohr da!

Ja, der Rabe ist ein Räuber par excellence. Er klaut alles, was fressbar ist – vor allem, wenn er im Frühjahr mit dem Brüten anfängt und nicht so viel Zeit zur Nahrungssuche hat. Dann ist kein Vogelnest vor ihm sicher. Er schnappt sich die Eier und – wenn es so weit ist – auch die Brut. So weit, so schlecht für die anderen Vögel.

Der Rabe kann aber auch dem Menschen gewaltig zur Plage werden. Er liebt – wie seine kriminelle Kollegin, die diebische Elster – alles, was glänzt und funkelt: Brillengestelle, Scherben, Diamantcolliers und Brillantringe. All das sammeln die Rabenvögel mit Leidenschaft und verstauen es in ihrem Nest – ein todsicheres Versteck vor den halb blinden Menschen, die im Garten nach ihrem wieder mal verlegten Brillengestell tappen. Übrigens gibt es keinen Hinweis darauf, dass die weiblichen Vögel es mehr auf teure Geschmeide abgesehen haben als die männlichen …

Klaut der Rabe wie ein Rabe?

Rabe und Elster sind äußerst intelligente Vögel. Mit dem Menschen verbindet sie nicht nur die Vorliebe für glänzende Klunkern und heimtückische Räubermethoden, sie können auch sprechen. Der Rabe, übrigens der größte Singvogel hier zu Lande, lässt sich dafür noch besser abrichten als die Elster. Man kann ihn leicht zähmen und ihm ein paar Worte beibringen. Was er besonders gut aus dem Schnabel bringt, sind Worte mit A und O, also zum Beispiel „Na komm" oder „Jakob". Allerdings beherrscht er schnell auch ein zweisilbiges Schimpfwort mit **A** am Anfang und **O** in der Mitte. Es kann also vorkommen, dass er die goldene Uhr vom Gartentisch wegstibitzt und vom nächsten Busch noch ein freundliches „A.....o.." auf den Bestohlenen herunterkrächzt.

Gewählter drücken sich da schon die Raben in Alaska aus. Sie verfügen über einen unglaublichen Wortschatz. Mit über hundert verschiedenen Lauten teilen sie sich gegenseitig mit, ob sie Aas oder sonstige Beute gefunden haben.

Nicht umsonst gelten die Raben als weise Vögel. Gemäß der Mythologie der Tlingit, eines Eskimostammes in Alaska, haben sie zusammen mit den Bären den Menschen erschaffen. Und auch bei den Gebrüdern Grimm sind „Die sieben Raben" hellsichtig. Tatsächlich haben die Raben Adleraugen. Ein Rabe, der in 500 Metern Höhe ohne einen einzigen Flügelschlag kreist, erspäht auch noch den kleinsten Krümel einer Käsesemmel, die auf dem Boden liegt. Und wenn er sich den geschnappt hat, lässt er ihn um nichts in der Welt wieder fallen – schon gar nicht, weil er dem Fuchs eitel seine Sangeskünste vorführen möchte, wie es uns La Fontaine in seiner Fabel weismachen möchte. Dazu ist er viel zu schlau.

Und auch die Geschichte von den Rabeneltern, die sich nicht um ihren Nachwuchs kümmern, ist frei erfunden. Raben sind sogar sehr um die Aufzucht ihrer Jungen bemüht. Also Schluss mit der üblen Nachrede!

Klaut der Rabe wie ein Rabe?

Braucht der Waschbär ein Waschbrett?

Der Waschbär wäscht alles gern, nur nicht sich selbst. Schnecken, Porzellanscherben, Flaschen, Fressalien – alles, was er so findet, wird mit den Vorderpfoten ins Wasser getaucht und vor dem Verzehr gründlich geschrubbt. Es sei denn, der Waschbär hat einen Bärenhunger, dann wird die Beute auch mal ungewaschen verschlungen. Es geht ihm nämlich eigentlich nicht so sehr um Sauberkeit, sondern eher darum, seinen Spieltrieb zu befriedigen. Zu gern sucht der Waschbär unter den Kieselsteinchen im seichten Wasser nach weiteren interessanten Kleinigkeiten – Insekten oder leckeren Köcherfliegenlarven zum Beispiel. Ein Waschbrett würde ihn dabei nur stören.

Die Pfoten badet er nur gern, solange ihm das Wasser nicht bis zum Halse steht! Das mag der Waschbär überhaupt nicht, wehalb er eigentlich richtiger „Katzenwäschebär" heißen müsste. Der Waschbär hat auch keinen Waschbrettbauch, sondern neigt von Natur aus eher zum Bauchansatz. Er ist ein rundlicher Typ, meist ziemlich voll gefressen, weil Futtern eben seine Lieblingsbeschäftigung ist. Mit seinen fünf Kilo ist er allerdings alles andere als plump, vielmehr ist er ein begnadeter Kletterer. Wie das Faultier hangelt er an allen vieren, mit dem Rücken nach unten. Wenn er ruhig auf einem Baum hockt, ist er so gut wie nicht zu erkennen. Denn das schwarzbraun-graue Fell ist auf der Rinde die ideale Tarnfarbe.

Nur eines verrät den Waschbären: seine blitzenden rotgelben Augen. Die Indianer jagten Waschbären deshalb immer mit Fackeln, denn im Fackelschein reflektieren die Augen der Tiere und leuchten ganz hell auf. Da der Waschbär aber mindestens so listig ist wie ein Fuchs, hat er im Laufe der Zeit gelernt, sich die Pfoten vor die Augen zu halten, um sich nicht zu verraten. Wie ein kleines Kind, das versucht, sich hinter den Händchen zu verstecken – nur dass es dem Waschbären wirklich gelingt.

Dass der Waschbär kein Bär ist, weiß jedes Kind; er gehört zur Familie der Marder, auch wenn er sich eher aufführt wie ein Affe. Bis ins hohe Alter spielt er den ganzen Tag herum und ist immer für irgendeinen Blödsinn zu haben. In Nordamerika sind nicht nur die Fast-Food-Ketten schuld daran, wenn so viel Müll auf den Straßen herumliegt. Der Waschbär trägt seinen Teil dazu bei, indem er in der Dämmerung gern die Mülltonnen durchwühlt. Alles Gute kommt ins Kröpfchen, der Rest bleibt liegen.

Übrigens ist der Waschbär auch bei uns wieder auf dem Vormarsch: Ein paar dieser schlauen Tiere sind nämlich aus Pelztierfarmen, wo man sie zu Mänteln verarbeiten wollte, ausgebüxt und haben sich vermehrt. Wenn uns also bei einem Spaziergang durch hessische oder bayerische Wälder ein Tier mit einer gelbweißen Augenbinde begegnet – das ist nicht der Panzerknacker aus Mickymaus.

Braucht der Waschbär ein Waschbrett?

Ist der Wolf so böse wie im Märchen?

Warum hast du nur so ein großes Maul?", fragte Rotkäppchen den bösen Wolf und er antwortete: „Damit ich dich besser fressen kann!"

So kennen wir den Wolf seit frühester Kindheit: Er frisst bettlägrige Großmütter und kleine Mädchen, trickst sieben arme Geißlein aus und lauert im Schafspelz auf kleine süße Schweinchen. Kein Wunder, dass alle Kinder Angst vorm bösen Wolf haben. Dabei hat er seinen schlechten Ruf zu Unrecht. Er ist nicht boshafter als andere wilde Tiere, und er tötet wie andere Raubtiere nur dann, wenn er Hunger hat.

Warum er dennoch so gefürchtet ist, lässt sich nur historisch erklären. In früheren Zeiten war der Wolf nämlich eine ernsthafte Bedrohung, vor allem für Leute des niederen Standes, die Leibeigenen, die am Rande von Großgütern wohnten und sich ein paar Schafe und Ziegen halten durften. Wenn die Wölfe einbrachen und die Tiere rissen, dann war damit der gesamte Besitz dieser Menschen vernichtet und ihre Existenz bedroht. Deshalb wurde der Wolf als eine große Geißel empfunden.

Dem Menschen selbst geht der Wolf eher aus dem Weg. Der große „böse" Wolf ernährt sich hauptsächlich von Mäusen und anderen kleinen Nagern. Er frisst auch Aas, also die Überreste toter Tiere. Und es heißt, dass in den Napoleonischen Kriegen Wolfsrudel hinter den Truppen herzogen und nach der Schlacht über die Leichen herfielen. Es sind aber nur wenige Fälle bekannt, in denen Wölfe Menschen angefallen und getötet haben. Das kam meistens in Russland vor und immer im Winter, wenn die Tiere sehr ausgehungert waren. Jedenfalls hätte Rotkäppchen vom Wolf überhaupt nichts zu befürchten, wenn sie ihm im Wald begegnen würde. Und es muss kein Mensch in Panik geraten, wenn die Wölfe allmählich aus Osteuropa wieder in unsere Wälder zurückkehren. Schließlich stammt ja auch der beste Freund des Menschen, der Hund, vom Wolf ab – egal, ob Bernhardiner, Pudel oder Dackel. So fremd ist er uns also gar nicht, und manchmal heulen wir Menschen ja auch gern mit den Wölfen.

Wölfe sind tatsächlich ausgesprochene Heulsusen, aber nicht aus Angst, Schmerz oder Wehleidigkeit – sie heulen, um sich zu verständigen. Wildbiologen haben herausgefunden, dass die Wölfe so über weite Distanzen miteinander kommunizieren können. Da heult zum Beispiel der eine Wolf dem anderen vor und meint damit: „Achtung, die Karibus kommen", oder: „Achtung, Menschen in Sicht."

Die Eskimos haben das Geheul so lange mit angehört, dass sie es selbst schon verstehen können. Das geht sogar so weit, dass sie am Heulen der Wölfe erkennen können, ob Weiße zu Besuch kommen oder Eingeborene. Bei den Wölfen funktioniert also die Telekommunikation – und das ganz ohne Handy.

Ist der Wolf so böse wie im Märchen?

Hat der Esel Eselsohren?

Es passiert meistens mit ungeliebten Schulbüchern: Da blättert man ein bisschen hastig um, und schon hat man einen hässlichen Knick in der Seite – ein „Eselsohr". Aber was bitte kann der Esel dafür, wenn wir schlampig sind? Rein gar nichts: Unordentlichkeit kann man ihm beim besten Willen nicht nachsagen. Trotzdem hat er tatsächlich „Eselsohren" – aber nicht immer.

Eigentlich sind die Ohren des Esels besonders lang und spitz. Das ist ein typisches Merkmal von Steppentieren, die durch diese Trichterform der Ohren auch Laute aus weiter Entfernung sehr gut hören können. Dafür, dass die Ohren schön aufrecht stehen, sorgen beim Esel extra starke Muskeln. Wenn er aber müde ist oder einfach keine Lust mehr hat, die Ohren aufzustellen, lässt er die Muskeln locker und die Ohren hängen. Und schon gibt's den Knickeffekt wie bei den „Eselsohren" in Büchern.

Wer gerne mal ein richtiges Eselsohr sehen möchte, kann das am besten auf einer Reise in südliche Länder. Dort kann man oft Esel beobachten, die in der Mittagssonne herumstehen und ihre Ohren hängen lassen. Man sollte auf gar keinen Fall versuchen, dem Esel selbst ein Ohr zu knicken. Er beißt dann nämlich unter Umständen ganz gemein zu. Und so ein Eselsbiss ist unangenehmer als ein Pferdekuss …

Ein Vorurteil stimmt übrigens: Der Esel **ist** stur. Aber dass der Mensch deshalb auch vom „dummen Esel" spricht, ist eine gemeine Unterstellung. In Wirklichkeit ärgern sich die Menschen nur darüber, dass der Esel nicht so ein Esel ist wie das Pferd und sich so leicht zähmen lässt. Esel sind eben von Natur aus nicht unterwürfig – so ähnlich wie eine Katze, die sich im Gegensatz zum Hund nicht herumkommandieren lässt. Seine störrische Art und sein hitziges Temperament werden dem Esel nur oft als Dummheit ausgelegt.

Die Menschen brauchen den Esel trotzdem, ganz einfach deshalb, weil kein anderes Tragetier die Hitze so gut aushalten, auf steilen Bergpfaden im Passgang so gut auftreten und dabei noch Lasten schleppen kann. Weil der Mensch diese Vorteile immer gern genutzt hat, aber lieber einen Esel mit der Gehorsamkeit eines Pferdes haben wollte, hat er beide gekreuzt und so das „Maultier" oder das „Muli" bekommen, ein ausdauerndes, geschicktes und braves Tier.

Kulturhistorisch galten Esel und Maultiere immer als Tiere der Unterschicht. In dieser Eigenschaft haben sie sogar mehrfach Auftritte in der Bibel: Auf der Flucht aus Ägypten saß Maria mit dem Kind auf einem Esel; am Palmsonntag zog Jesus auf einem Maultier in Jerusalem ein. Und auch der Prophet Mohammed wählte nach islamischem Glauben ein weißes Maultier, um damit zu demonstrieren, dass er ein Mann des Volkes war. Wären Mohammed oder Jesus auf einem Pferd dahergekommen, sie hätten bei den einfachen Leuten keine Chance gehabt.

Hat der Esel Eselsohren?

Warum frisst der Marder so gerne Kabelsalat?

Ob bei einem rostigen alten Kadett oder einem nagelneuen BMW-Cabrio: dem Marder schmecken alle Autoinnereien gleich gut, oder besser: gleich schlecht. Denn am guten Geschmack kann's nicht liegen, dass er den Kabelsalat für die Nouvelle Cuisine hält. Es muss wohl eher um den Spaß am Kauen gehen. Für den Marder ist das Bremskabel ungefähr so verlockend wie für seinen Kollegen, den „Automarder" oder „-knacker", das Zündkabel oder für manche Menschen eine Packung Wrigley's Spearmint. Wenigstens legt er unser Auto also nicht aus purer Bosheit lahm.

Ein ähnliches Phänomen gibt es bei jungen Kälbern. In manche Ställe werden zur Isolierung Styroporwände eingebaut, damit die Tiere es schön warm haben. Die Kälber kauen dann mit Wonne auf dem Styropor herum, dass es nur so knirscht. Ob sie dabei mehr Lust am Draufbeißen oder an dem schönen Quietschgeräusch empfinden, ist unklar. Fest steht, dass Styropor nach gar nichts schmeckt, und trotzdem verputzen es die Tiere wie einen Festtagsschmaus.

Dass der Marder unter unser Auto kriecht, um sich zu wärmen, kann nicht der Grund sein, denn er beißt im Winter wie im Sommer zu. Satt machen die Gummiraspel auch nicht. Vielleicht ist er also einfach süchtig danach: der ölig duftende Kabelsalat als Marder-Droge … möglich wär's. Zumindest zieht die Tiere alles magisch an, was nach Mensch und Zivilisation aussieht. Während scheuere Tiere vor dem Menschen flüchten, sind Marder – wie auch Füchse – ausgesprochene Kulturfolger. Wo einHolzstapel aufgeschichtet ist, da wohnt auch schon der Marder drin und lebt wie die Made im Speck. Denn er weiß genau, in der Umgebung des Menschen sieht seine Speisekarte üppig aus: Mülltonnen, Küchenabfälle, am besten noch ein voller Hühner- oder Entenstall – das reinste Schlaraffenland für ein faules Raubtier, das immer den Weg des geringsten Widerstandes geht. Je weniger Zeit und Aufwand nötig sind, um Beute zu machen, desto besser.

So erklärt es sich auch, dass auf dem Münchner Viktualienmarkt schon Mülltonnen plündernde Füchse gesichtet wurden. In Kanada hat man in der Hudson Bay Eisbären dabei erwischt, wie sie auf einer Müllkippe rumwühlten. Die Tiere mussten narkotisiert und mit dem Hubschrauber kilometerweit wegtransportiert werden, um die Gegend für den Menschen wieder sicher zu machen.

Was haben die Menschen nicht alles versucht, um dem Marder den Auto-Braten zu vermiesen. Ganze Doktorarbeiten wurden darüber geschrieben, ob vielleicht Wolfs- oder Tigerkot auf den Kabeln als Abschreckung dienen könnten. Das Ergebnis war immer gleich null. Kabelsalat ist nun mal die Leibspeise des Marders – und leider verdirbt er sich daran nicht einmal den Magen.

Warum frisst der Marder so gerne Kabelsalat?

Ist die Fledermaus eine Maus?

Die Fledermaus hat ein Fell wie eine Maus, Ohren wie eine Maus, ist so groß wie eine Maus, sie ist aber keine Maus. Sie ist auch kein Nagetier, sondern ein hoch entwickeltes Säugetier. Nur der Volksmund hat sie zur Maus gemacht, aber damit kann sie leben – sogar sehr gut: Es gibt weltweit über 800 Fledermausarten, fast so viel, wie es Nagerarten gibt.

Allerdings hat die Fledermaus ein paar seltsame Angewohnheiten, die sie uns suspekt machen. Sie hängt beispielsweise immer mit dem Kopf nach unten da, und wir fragen uns, ob ihr nicht das Blut im Kopf zusammenläuft. Natürlich nicht, denn dann müsste das Blut beim Menschen ja auch in den Beinen hängen bleiben. Entscheidend ist nur, worauf das Gefäßsystem eingestellt ist. Und bei der Fledermaus funktioniert die Durchblutung ausgezeichnet, wenn sie mit dem Kopf nach unten hängt.

Sie könnte gar nicht auf einem Ast sitzen wie andere Tiere. Dazu fehlt ihr sozusagen das Sitzfleisch, denn das ganze Tier besteht fast nur aus Flügeln. Die Finger sind, bis auf den Daumen, riesig gewachsen. Darüber spannt sich die Haut wie bei einem Fächer und bildet so die Flügel. Ihre Zehennägel taugen nur noch zum Festkrallen. Sitzen, Liegen oder Stehen ist diesen Tieren unmöglich. Sie haben sich so an ihren Lebensraum in Höhlen, hohlen Baumstämmen und Türmen angepasst, dass sie nichts anderes können müssen als Hängen und Fliegen.

Fledermäuse können fantastisch fliegen, schnell, wendig und präzise. Sie können mit dem Bauch nach unten und nach oben fliegen, in der Luft Haken schlagen oder Wellenbewegungen machen. Wenn man in einer Höhle voller Fledermäuse steht, spürt man nur den Luftzug der vorbeisausenden Tiere. Nie würden sie uns berühren oder uns an den Kopf knallen und sich in den Haaren verheddern. Es gibt tropische Fledermäuse, die im Sturzflug Fische oder Frösche erbeuten, Früchte fressen, Nektar trinken oder sich wie unsere einheimischen Arten von Insekten ernähren.

Und diese geschickten Tiere fürchten wir? Nur weil wir im Film gesehen haben, dass sich Graf Dracula in eine Fledermaus verwandeln kann, haben alle Fledermäuse ein Blutsauger-Image. Tatsächlich gibt es den Vampir. Er lebt in Südamerika und fällt aufs Heimtückischste über seine Opfer her. An Händen und Füßen ist er mit speziell weichen Polstern ausgestattet, sodass er sanft und unbemerkt auf Mensch oder Tier landen kann. Dann beißt er mit seinen rasiermesserscharfen Zähnen in die Haut. Das passiert so schnell, dass das Opfer immer noch nichts bemerkt. Er öffnet eine kleine Ader, leckt, bis er satt ist, und verschwindet wieder. Vorbei ist der ganze Spuk! Zur Beruhigung: Der Vampir erwischt nie eine Hauptschlagader. Außerdem kommt diese Fledermausart in Europa garantiert nicht vor. Bei uns wird einfach zu viel Knoblauch angebaut.

Ist die Fledermaus eine Maus?

Wie weit reisen Ameisen?

In Hamburg lebten zwei Ameisen, die wollten nach Australien reisen. Bei Altona auf der Chaussee, da taten ihnen die Beine weh, und da verzichteten sie weise dann auf den letzten Teil der Reise." Der Dichter Joachim Ringelnatz unterschätzte die Ameisen gewaltig. Zumindest einige der insgesamt rund 1200 Sorten kommen ganz schön rum in der Welt, sind aber nicht unbedingt überall gern gesehen.

Fangen wir gleich mit den übelsten Gesellen an: Die Treiberameisen machen mit ihren riesigen Völkern Afrika unsicher. Wo diese Ameisen in Sicht sind, ergreifen Mensch und Tier die Flucht. Denn sie fressen alles ratzekahl – und wenn es eine Riesenpython ist, die sie kurzerhand skelettieren. Die einzelne Treiberameise ist etwa 1,6 Zentimeter lang und hat kräftige Mundwerkzeuge, mit denen sie auch Menschenfinger blutig zwicken kann. Bis zu 15 Millionen dieser Biester rollen wie eine breite Lawine über die Landschaft hinweg – mit einer Geschwindigkeit von 20 Metern pro Stunde. In diesem Gebiet ist danach nichts Fressbares mehr übrig.

Die Königin wird bei den Treiberameisen immer in einem großen Knäuel von Ameisen mittransportiert. Das ist bei anderen Ameisenarten anders: Normalerweise lebt die Königin verborgen im Ameisenhaufen und wird von den Arbeiterinnen versorgt. Sie ist die Einzige, die Eier legt. Nur einige davon werden von Männchen befruchtet. Daraus schlüpfen dann neue Königinnen, die Flügel bekommen, mit ein paar Männchen auf Hochzeitsreise fliegen und einen neuen Staat gründen. Aus dem Rest der unbefruchteten Eier schlüpft die Masse der Arbeiterinnen, die zum Schuften geboren sind.

Ja, Ameisen sind wirklich fleißige Tiere. Eine einzige Blattschneiderameise zum Beispiel transportiert täglich sage und schreibe 2,5 Kilogramm Blätter in den Bau. Damit züchtet diese Art in einem unterirdischen Keller einen speziellen Pilz, von dem sie sich ernährt.

Wenn sich zwei Ameisen begegnen, gibt es jedes Mal ein großes Hallo. Die beiden „betrillern" sich ausführlich mit den Fühlern – was kein Bussi-Bussi-Ersatz ist, sondern der Austausch wichtiger Informationen: Wo geht's hier zur Nahrung? Aber wehe, eine fremde Ameise verirrt sich in den falschen Haufen. Sie wird sofort gekillt. Gastfreundlichkeit kennen diese Tiere nicht. Ihre Waffen sind zum einen die Mundwerkzeuge, zum anderen die Ameisensäure, die sie in eine Wunde spritzen.

Auf jeden Fall wäre jede einzelne Ameise reif für Olympia. Im Gewichtheben würde sie jeden schlagen, weil sie ein Vielfaches ihres Körpergewichts stemmen kann. Aber bevor die Menschenmännchen jetzt zu neidisch werden: Das Gehirn der männlichen Ameise ist viel kleiner als das der Weibchen. Nicht zum Denken, sondern zum Zeugen ist sie geboren. So einfach regelt die Tierwelt manchmal die Rollenverteilung.

Wie weit reisen Ameisen?

Versteht der Deutsche Schäferhund Englisch?

Der Deutsche Schäferhund versteht kein Englisch, genau genommen aber auch kein Deutsch, dafür aber jeden Wink seines Herrchens – wenn er gut erzogen ist. Es kommt also auf die Körpersprache und den Ton in der Stimme an, egal ob einer englisch oder deutsch mit seinem Hund spricht. Ein Zucken der Augenbraue oder ein scharfer Blick bringen oft mehr als hundert verzweifelte „Sitz"-Rufe. Es liegt einfach daran, wie das Herrchen mit dem Hund umgehen kann.

Wenn ich also meinen Deutschen Schäferhund mit einem Chinesen zum Gassi gehen schicke und der verwendet dieselbe Mimik wie ich, versteht der Hund, was er meint. Würde der Chinese nur chinesisch auf ihn einreden, würde dem Hund das natürlich spanisch vorkommen. Im Übrigen kann so ein Deutscher Schäferhund auch nicht von heute auf morgen mit Stäbchen essen, aber auch das würde er lernen.

Ein deutscher Papagei hätte dagegen überhaupt keine Schwierigkeiten damit, chinesisch zu sprechen. Er ist so sprachbegabt, dass er jede Sprache dieser Welt nachplappern würde – und ein so perfekter Geräusche-Imitator, dass er sicher auch den Tonfall einer chinesischen Bulldogge täuschend echt hinkriegen würde.

Umgekehrt tun wir Menschen uns schwer, ernsthafte Konversation mit Tieren zu betreiben. Für die Tiersprachen gibt es bisher weder Vokabel- noch Grammatikbücher. Nur Tarzan hat sich blendend mit den Affen im Dschungel unterhalten – ein schönes Märchen, genauso wie das einer selbst berufenen Forscherin aus den USA, die behauptet, sie könne mit der Gorilladame Kiki sprechen. Kiki hat ihr in einer Art Gorilla-Esperanto angeblich die tollsten Sachen über den Tod und das Leben im Jenseits erzählt. Sie hat ihr in Taubstummensprache geantwortet. Leider verstanden andere Forscher, die es ihr nachtun wollten, nur noch Bahnhof. Die Kommunikation hat wohl eher in der Fantasie stattgefunden. Der Mensch kann zwar bestimmte Tierlaute und -gesten deuten, aber kaum die Affensprache erlernen. Dafür sind die Welten doch zu verschieden.

Was wir aber können, ist manche Tiere zu täuschen, indem wir ihre Laute nachahmen. Der Jäger kann den Birk- oder Auerhahn leicht in eine Falle locken, wenn er seinen Liebesruf imitiert. Und auch der Rothirsch lässt sich bluffen. Er denkt, wenn er den nachgemachten Hirschlaut hört, er müsse einen Rivalen aus seinem Revier vertreiben. In Wirklichkeit läuft er dem Jäger vor die Flinte.

Und wer seinen Deutschen Schäferhund ärgern will, braucht bloß einmal herzzerreißend „Miau" zu jaulen – wetten, dass er auch beim hundertsten Mal noch losspringt? Wenn er hingegen nur lustlos eine Braue hebt, ist dies ein typischer Beweis dafür, dass sein Besitzer die Tarzansprache noch nicht richtig beherrscht.

Versteht der Deutsche Schäferhund Englisch?

Wie ist der Wetterfrosch zu seinem Job gekommen?

Eins ist jedenfalls sicher: Kein Frosch hat je Meteorologie studiert! Frösche sind sozusagen Naturtalente, durch ihre Wetterfühligkeit prädestiniert für den Job des Wetterfrosches.

Als Amphibium ist der Frosch ein wechselwarmes Tier. Befindet er sich im Wasser, kühlt sein Körper auf Wassertemperatur ab. Scheint aber die Sonne, dann zieht's ihn auf die Sonnenbank. Stundenlang lungert der Frosch auf Steinen oder Seerosen herum, um richtig Wärme zu tanken. Gutes Wetter hat für den Frosch aber noch einen entscheidenden Vorteil: Insekten aller Art schwirren dann in der Luft herum – lauter leckere Appetithäppchen. Sobald er also ahnt, dass der Regen aufhört und die Sonne herauskommt, klettert er auf etwas höher gelegene Blätter, legt sich auf die Lauer und schnappt sich im Sprung alles, was er kriegen kann.

Die Menschen haben diese Eigenart des Frosches entdeckt und ihn als eine Art lebendes Barometer im Weckglas gehalten. Wenn der Frosch auf seiner kleinen Leiter zum Fliegenfangen nach oben kletterte, hieß das, das Wetter wird schön. Seit es den Wetterbericht im Fernsehen gibt, ist diese Methode etwas aus der Mode gekommen, und auch der Wetterfrosch ist heutzutage arbeitslos.

Da Tiere auch Wettervorhersagen brauchen, in der Regel aber keinen Fernseher besitzen, verlassen sie sich ganz auf ihre eigene Nase. Das Rotwild und die Gämsen im Gebirge ahnen lange vor dem Menschen, wann es schneien wird. Noch bevor der Schneefall eingesetzt und alles Fressbare zugedeckt hat, wandern sie in niedrigere Gefilde, um weiter grasen zu können.

Die Antilopen in den Wüsten Marokkos und Tunesiens riechen den Regen sogar aus 40 Kilometern Entfernung! Man hat beobachtet, wie sie über einen 600 Meter hohen Bergrücken gewandert sind, um im Regengebiet das frische Gras äsen zu können. Satt gefressen und voll getrunken spazierten sie anschließend denselben Weg zurück. In der wasserlosen Weite der Sahara ist ein derart feines Witterungsvermögen zweifellos überlebensnotwendig. So verlassen sich auch die Tuaregs auf die feine Nase ihrer Dromedare, wenn es gilt, neue Wasserlöcher oder Oasen ausfindig zu machen.

Wetterfühligkeit kann für Tiere aber genau wie für uns Menschen auch lästig sein. Bei einem Pferd mit Gelenkschaden kann es passieren, dass es lahmt, wenn ein Wetterumschwung in der Luft liegt. Einen Brummschädel vom Föhn scheinen Tiere aber nicht zu bekommen. Jedenfalls ist im Münchner Tierpark Hellabrunn der Bedarf an Aspirin bei Föhnwetter noch nie gestiegen. Andererseits spüren Tiere ein herannahendes Gewitter ebenso wie ein bevorstehendes Erdbeben, und eine Katze würde ihren Schlafplatz nie über einer Wasserader auswählen.

Wie ist der Wetterfrosch zu seinem Job gekommen?

Bei aller Tierliebe, es gibt Viecher, die in uns die pure Mordlust wecken: Wenn wir eine Mücke summen hören, dann wollen wir sie unbedingt erschlagen – aus reiner Notwehr natürlich. So knausrig sind wir ja eigentlich gar nicht mit unserem Blut, ab und zu gehen wir sogar zum Blutspenden. Und auch für die Mücke hätten wir ein Tröpfchen übrig, wenn sie sich damit begnügen würde. Aber nein, kaum geht sie auf unsere Adern los, schon hinterlässt sie eine juckende Pustel nach der anderen. Sie saugt und saugt unser Blut und wird niemals satt, so scheint es zumindest.

Wird die Mücke niemals satt?

In Wirklichkeit waren immer mehrere von den Biestern zugange, wenn wir mit Stichen übersät sind; eine einzelne Mücke könnte gar nicht so oft zuschlagen, sonst würde sie platzen. Bei einem Saugakt schlürft das Mückenweibchen – denn nur die Weibchen stechen ja – immerhin schon zwei bis zehn Milligramm Blut, das Dreifache ihres Körpergewichts! Ihr Blutdurst ist damit erst einmal gestillt, aber es geht nicht nur um den Durst: Das Mückenweibchen braucht Blut von Säugetieren oder auch Vögeln, um seine Eier ablegen zu können. Und einmal Stechen reicht noch nicht aus, um den Bedarf zu decken. Das Schlimme ist: Nur dadurch, dass sie von Wirt zu Wirt fliegt, überträgt die Mücke beispielsweise Malaria, die gefährlichste und häufigste Infektionskrankheit weltweit mit der höchsten Todesrate.

Verblüffend ist für uns Mückengeplagte immer wieder, was für einen guten Riecher die kleinen Biester haben. Lugt auch nur der kleine Zeh unter der Bettdecke hervor, findet ihn die Mücke auch in dunkelster Nacht – dank eines ausgeklügelten Orientierungssinns. Die Mücke richtet sich nach dem Temperaturgradienten, das heißt, sie fliegt immer in Richtung Wärme. Damit sie nicht an der Heizung landet, bestimmt sie zusätzlich den CO_2-Gehalt der Ausatemluft von Säugetieren oder Menschen, und sie riecht die Buttersäure im Körperschweiß – uns sattsam bekannt von den nachbarlichen Schweißfüßen.

So biochemisch bewandert, kann sie ihr Ziel gar nicht verfehlen – es sei denn, wir täuschen sie. Ein paar Tröpfchen Geranienöl oder Dschungeldeo auf die Haut, und schon verändert sich die Körperausdünstung, und die Mücke schwirrt im günstigsten Fall ahnungslos vorbei. Hat sie erst einmal ein Opfer gefunden, sticht sie mit ihrem winzigen Saugstachel in die kleinen Blutgefäße direkt unter der Haut. Den Stich allein würden wir überhaupt nicht bemerken. Leider hat die Mücke aber ein paar üble Stoffe wie Histamin im Speichel, die verhindern, dass das Blut sofort gerinnt und den mikrometerdünnen Saugstachel verklebt.

Diese Stoffe sind es, die uns hinterher plagen. Zum Trost: Mücken sind auf der Welt, um gefressen zu werden – von Spinnen, Vögeln, Libellen, Fledermäusen und Fischen. Rache ist ja so süß!

Wird die Mücke niemals satt?

Rauchen Kamele?

Es gibt keine Statistik, die besagt, dass überdurchschnittlich viele Kamele an Lungenkrebs sterben. Daraus lässt sich wohl schließen, dass die Mehrzahl auf den Genuss von Camel und anderen Nikotinbomben verzichtet.

Ein Vorbild kann das Kamel auf der Camelpackung für die Tiere ohnehin nicht sein, denn es ist in Wirklichkeit gar kein Kamel, sondern ein Dromedar! Der Unterschied: Das Kamel ist zweihöckrig, das Dromedar hat nur einen Höcker. Hat sich also der Designer der Camelpackung vertan? Das muss nicht unbedingt sein, denn das Dromedar hat eher einen Bezug zum Tabak als das Kamel. Überall dort, wo Tabak hauptsächlich angebaut wird, also in Arabien und in der Türkei, kommt das Dromedar vor. Es ist ein Tier der heißen Wüsten Afrikas und Kleinasiens.

Das Kamel dagegen ist in den kalten Wüsten und Steppen Asiens zu Hause. Durch die Seidenstraße von China über Nepal bis nach Europa zogen einst die Kamel-Karawanen, während die Dromedare der Tuaregs Salz quer durch die Sahara transportierten.

Egal, ob ein Höcker oder zwei, entscheidend ist, was drin ist! Die Höcker sind nämlich nicht einfach hässliche Buckel wie bei Quasimodo. Dromedar und Kamel schleppen darin praktisch immer Vorräte mit sich herum – wie einen Ersatzkanister Benzin. Die Höcker sind mit Fett gefüllt, von dem das Kamel bei anstrengenden Wüstenmärschen zehren kann. Auch für Wasser ist dadurch indirekt gesorgt, denn durch das Verbrennen von Fett entsteht im Körper Wasser. So können diese Tiere bis zu dreißig Tage überstehen, ohne einen Schluck zu trinken! Das macht sie für den Menschen zu so praktischen Lasttieren.

Allerdings: Wenn die Vorratskammer leer ist, hängen die Höcker schlaff herunter wie leere Kartoffelsäcke. Dann muss sich das Kamel oder Dromedar erst mal wieder Winter- bzw. Wüstenspeck anfressen.

Übrigens sind diese Tiere sehr genügsam, was den Speiseplan anbelangt. Ein Dromedar verputzt schon mal einen leeren Zementsack, wenn er im Weg liegt. Und das Allerbeste: Es kann den Sack sogar als Futter verwerten. Wie alle Wiederkäuer hat es nämlich im Vormagen (Pansen) Bakterien, die Zellulose spalten und in Zucker umwandeln können. So kommt es auch, dass Ziegen nicht Zeitung lesen, sondern Zeitung fressen. Sie werden tatsächlich von unserer geistigen Nahrung satt!

Wer nun einem Kamel höflichkeitshalber eine Zigarette anbietet, muss damit rechnen, dass es diese auch annimmt. Ob es sie allerdings rauchen wird, ist stark zu bezweifeln. Eher wird ein Kamel eine Camel genüsslich fressen – am liebsten samt der Schachtel.

Aber bitte nie eine volle Schachtel verfüttern, denn davon würde dem Kamel speiübel werden. Etwa so wie uns, bei den ersten Rauchversuchen.

Rauchen Kamele?

Sind alle Tiere Wasserratten?

Zumindest die Wasserratte trägt ihren Namen völlig zu Recht. Denn sie würde sich am liebsten den ganzen Tag im Wasser tummeln – und kann das auch, ohne wie wir blaue Lippen zu bekommen. Die Wasserratte, die wegen der weiten Wanderungen, die sie unternimmt, auch Wanderratte genannt wird, durchschwimmt alle Bäche und Flüsse, auf die sie unterwegs stößt. Sie lebt auch gern in Wassernähe (daher auch der Name „Kanalratte"), weil sie dort jede Menge Futter findet. Wo Wasser ist, gibt's Leben, und dort ist die Ratte zu Hause – übrigens genau die Ratte, die der Menschheit vor ein paar hundert Jahren so viele Probleme als Pestüberträgerin bescherte.

So gut wie alle Tiere würden locker den Freischwimmer schaffen. Nur zieht's die einen mehr, die anderen weniger ins Wasser. Elefanten und Tiger zum Beispiel sind richtige „Wasserratten", die meisten Katzenarten sind allerdings genau das Gegenteil. Unsere Hauskatzen beispielsweise gelten nicht nur als wasserscheu, sie sind es auch. Nichts hassen sie mehr, als nasse Pfoten zu bekommen. Das ist auch der einzige Grund dafür, warum sie normalerweise ihre Finger von den leckeren Goldfischen im Gartenteich lassen. Würde man eine junge Katze ins Wasser werfen, sie würde mit Sicherheit kläglich ertrinken – schon vor lauter Schock. Eine erwachsene Katze kann es durch verzweifeltes Paddeln mit allen vieren ans Ufer schaffen – aber sie ist für den Rest des Lebens schwer beleidigt!

Auch der sonst so stolze Löwe meidet das Wasser wie der Teufel das Weihwasser. Vielleicht weil die schöne Löwenmähne durcheinander geraten könnte? Tiger und Jaguar dagegen lieben das Wasser, und es gibt asiatische Fisch- und Flachkopfkatzen, die sich sogar von Fisch ernähren. Während Löwe, Haus- und Wüstenkatze sich grundsätzlich auf Katzenwäsche beschränken, haben jene Artgenossen nichts gegen ein gelegentliches Vollbad.

Und was macht der Hund im Baggersee? Nichts Schlimmes, das ist sicher. Hunde urinieren nicht im Wasser und hinterlassen auch keine Häufchen. Es ist also völlig in Ordnung, wenn Herrchen und Hundchen gemeinsam baden gehen. Keiner muss sich davor ekeln. Selbstverständlich schwimmt kein Säuger annähernd so gut wie die Fische. Der Schwertfisch ist mit einer Höchstgeschwindigkeit um die 80 oder 90 km/h Meister aller Klassen und der Pottwal ist mit Abstand der beste Taucher: er taucht über 1000 Meter tief.

Schon immer waren die Menschen fasziniert von den unglaublichen Schwimmleistungen der Meerestiere. So haben sie z. B. davon geträumt, auf einem Delfinrücken zu reiten. Von der Kraft, Intelligenz und Geschicklichkeit der Tiere her wäre das sogar machbar. Aber bisher weiß man nur von Delfinen, die verletzte Artgenossen gestützt haben.

Alle anderen Geschichten sind feinsäuberlich gesponnenes Seemannsgarn.

Sind alle Tiere Wasserratten?

Hat die Schlange einen Schwanz?

Die Schlange ist ein einziger langer Schwanz, könnte man meinen. Stimmt aber nicht! Die Schlange hat, wie jedes Lebewesen, sehr viele verschiedene Körperteile – unter anderem auch einen Schwanz. Nur lässt sich eben schwer erkennen, wo dieser anfängt und wo er aufhört.

Das liegt an der ungewöhnlichen Körperform der Schlange. Sie stammt von der Echse ab, hat aber im Laufe der Evolution die Beine so weit zurückgebildet, dass nur noch der glatte Schlangenkörper übrig blieb.

Den Schwanz hat sie behalten, und es lässt sich auch ganz logisch erklären, wo er anfängt: hinter der Analöffnung, der so genannten „Kloake" der Schlange. Das heißt, er macht bis zu einem Viertel der Körperlänge aus, hat aber bei den verschiedenen Schlangenarten unterschiedliche Funktion.

Es gibt Baumschlangen, die einen richtigen Greifschwanz besitzen, mit dessen Hilfe sie sich an Ästen festklammern können – wie zum Beispiel die giftige Lanzenotter aus Südostasien.

Im Übrigen könnte uns der Schwanz einiges über die Gefährlichkeit der Schlange sagen, wenn wir ihn nur vom Restkörper unterscheiden könnten. Als Faustregel gilt: Schlangen, die kurz und dick sind und einen kurzen Schwanz haben wie die Kreuzotter, sind giftig. Lang gestreckte Schlangen mit langem Schwanz sind ungiftig. Das stimmt zwar in den meisten Fällen, hilft dem Laien aber nicht viel weiter. Denn der erschrickt beim Anblick einer Schlange ohnehin so, dass er auf das Hinterende kaum achten dürfte.

Die Schlange besteht also nicht nur aus einem Schwanz, und deshalb funktioniert bei ihr auch nicht, was bei einem Regenwurm geht: Man kann sie nicht in zwei Hälften zerteilen und zwei Schlangen aus einer machen. Die Schlange wächst nicht nach, weil sie ein viel komplizierter gebautes Tier ist als der Regenwurm, und daher kann sie ihren Schwanz auch nicht einfach abwerfen, wie es eine Eidechse macht, um einen Feind abzulenken. Der noch zuckende Schwanz lenkt den Räuber ab und die Eidechse sucht ihr Heil in der Flucht.

Was die Schlange nicht kann, ist, mit dem Schwanz zu wedeln wie ein Hund. Dafür kann sie umso besser mit der Zunge wedeln. Das tut sie allerdings nicht, weil sie sich freut, sondern weil es ihre Art des Riechens ist. Mit der schnellen Züngelbewegung nimmt sie Geruchsmoleküle auf, die sie dann mit einem besonderen Organ, dem Jakobson'schen Organ, am Rachendach überprüft. Der so wahrgenommene Geruch wird ans Gehirn weitergeleitet, und da wird dann entschieden: Beute oder nicht Beute.

Von der Autoschlange unterscheidet sich die richtige Schlange übrigens vor allem darin, dass sie zwar auch giftig sein kann, aber nicht umweltverschmutzend.

Als Haustier ist sie nicht zu empfehlen. Dafür eignet sich immer noch am besten die Luftschlange.

Hat die Schlange einen Schwanz?

Schläft das Murmeltier wie ein Murmeltier?

Das Murmeltier ist wieder mal ein Tier, das seinem Namen alle Ehre macht: und wie es schlafen kann! Wochen-, ja monatelang kuschelt es sich zusammengerollt in seinen Bau und schnarcht und schnarcht. Man kann zu Recht behaupten, es verpennt das halbe Leben – und mehr als das. Denn der Winterschlaf des Murmeltiers dauert von Ende Oktober bis mindestens Mitte April oder Anfang Mai. Von Langschläfern zu reden, ist in diesem Fall also leicht untertrieben.

Wer einen ganzen Winter durchschlafen will, muss erstens einen gesunden Schlaf haben und zweitens die Sache professionell angehen. Man will schließlich nicht zwischendurch aufwachen, weil man zum Beispiel ein unangenehmes Hungergefühl im Magen hat. Um solch unangenehme Zwischenfälle zu vermeiden, rackert das Murmeltier den ganzen Sommer lang, sammelt alles Fressbare und futtert sich einen stattlichen Fettvorrat an, von dem es im Winter zehren kann.

Im Herbst hat das Murmeltier das tätige Leben satt. Es krabbelt zusammen mit seiner ganzen Sippschaft in einen frostsicheren Bau, vier bis sechs Meter unter der Erde gelegen. Der Bau hat mehrere Kessel, die untereinander mit Gängen verbunden sind. In diesen Kesseln machen es sich die Murmeltiere auf Graslagern bequem und schlummern. Gefressen wird den ganzen Winter über nicht, anders als bei den Eichhörnchen, die sich über die gesammelten Nuss- und Samenvorräte hermachen. Das Murmeltier entleert vor dem Winterschlaf den Darm und hält bis zum nächsten Frühjahr Diät. Der Körper funktioniert nur noch auf Sparflamme, senkt die Temperatur auf drei bis vier Grad – befindet sich also in einem fast totenähnlichen Zustand – und verbrennt ganz langsam den angefressenen Sommerspeck.

Und trotzdem wacht das Murmeltier während des Winterschlafs alle drei Wochen einmal auf – und zwar, weil es pinkeln muss! Ja, wer Stoffwechsel betreibt, muss auch ab und zu was loswerden – damit die Blase nicht platzt. Wir kennen das kleine Geheimnis der Murmeltiere, seit ein Forscher sie mit einer Sonde im Bauch in den Winterschlaf geschickt hat. Bei der Beobachtung von Herzfrequenz und Körpertemperatur stellte sich heraus, dass alle 15 Tage das älteste und schwerste Murmeltier seine Körpertemperatur in wenigen Minuten von drei auf 36 Grad erhöht. Alle anderen Murmeltiere fühlen offenbar die Wärme und werden geweckt. Man begibt sich dann gemeinsam in den Nachbarkessel, um die nötigen Geschäfte zu verrichten und schläft dann seelenruhig weiter, bis die Blase zum nächsten Mal ruft.

Ein wenig neidisch sind wir Menschen schon auf das Murmeltierfett, das da im Winter verheizt wird. Im Alpenraum gilt nämlich Murmelschmalz als hervorragendes Mittel gegen Gelenkschmerzen und Verstauchungen.

Schläft das Murmeltier wie ein Murmeltier?

Können Krokodile weinen?

Von wegen Tränen lügen nicht! Wenn Krokodilstränen fließen, dann ist das der Inbegriff der Heuchelei. Denn Krokodile beweinen ausgerechnet die bedauernswerten Geschöpfe, die sie gerade mit Heißhunger verschlingen!

Zur Ehrenrettung des Krokodils: Es ist gar nicht so heimtückisch, wie es mit den Tränen im Gesicht aussieht, es kann einfach nicht anders. Das hat mit den Tränendrüsen zu tun, die für das Krokodil von großer Bedeutung sind. Da Krokodile häufig in Brack- oder Salzwasser leben, dringen mit dem Wasser ständig Unmengen von Salz in den Körper ein, die die Tiere irgendwie wieder loswerden müssen. Und das funktioniert über die Tränendrüsen. Ähnlich wie Seevögel können Krokodile über diese Drüsen salzhaltiges Wasser konzentrieren, das dann über den Tränenkanal als Krokodilstränen ausgeschieden wird.

Wenn das Krokodil nun zuschnappt und mit tonnenschwerem Druck die Beute im Maul zerquetscht, dann drückt ihm das Opfer im wahrsten Sinne des Wortes auf die Tränendrüse, und schon kullern die falschen Tränchen. Und es sieht so aus, als würde das Krokodil sein Opfer beweinen, während es ihm doch köstlich schmeckt.

Das Krokodil muss also weder gestreichelt noch bedauert werden, auch wenn es heult wie ein Schlosshund. Ganz einfach, weil die Tränen rein mechanisch zu Stande kommen und überhaupt nichts mit Gefühlen zu tun haben.

Wie anders geht es da uns Menschen! Wir haben 1000 Gründe zu weinen: wenn wir uns in den Finger geschnitten haben oder eine tragische Liebesgeschichte im Fernsehen verfolgen, wenn wir traurig sind oder über einen guten Witz Tränen lachen. All das würde die Tiere völlig kalt lassen, obwohl auch Pferde, Rinder, Hunde und Katzen gut entwickelte Tränendrüsen haben.

Wir weinen aber auch, wenn wir Zwiebeln schneiden oder eine Fliege im Auge haben, was Tiere schon eher nachvollziehen können. Denn genau für solche Fälle sind die Tränendrüsen da: Das Auge wird feucht gehalten und ausgespült, wenn Fremdkörper eindringen. Durch den Lidschlag wird die Feuchtigkeit ständig im Auge verteilt, ohne dass Menschen und Tiere ständig weinen müssen. Eine ziemlich praktische Einrichtung also.

Es gibt aber auch Tiere, die keine Tränendrüsen haben, wie die Geckos, Insekten fressende kleine Echsen, die unter anderem in der Sahara leben. Und was machen die, um ihre Augen feucht und sauber zu halten? Einfach mit der Zunge drüberfahren. Gut, dass wir das nicht nötig haben, denn unsere Zunge ist dafür etwas zu kurz geraten.

Wenn Tiere übrigens schon nicht in unserem Sinn weinen können, traurig sind sie doch ab und zu. Zum Beispiel der Haushund, der feststellen muss, dass Herrchen ohne ihn Gassi geht. Wie der jaulen kann! Aber Tränen fließen dabei nicht.

Können Krokodile weinen?

Taugt der Kängurubeutel als Einkaufstasche?

Der Kängurubeutel würde sich prima zum Einkaufen eignen – besser als jede Plastiktüte. Denn abgesehen davon, dass keine Henkel abreißen können, ist er groß, dehnfähig, sehr, sehr sauber – das Känguru leckt ihn regelmäßig aus – und sogar verschließbar. Die Beutelvorderseite legt sich nämlich, wenn kein Jungtier drin hockt, ganz dicht an den Bauch, sodass weder Staub noch Regen hineingelangen können. Das funktioniert wie ein Klettverschluss. Aber der Fall, dass kein Jungtier im Beutel hockt, kommt so gut wie nie vor, weshalb das Känguru auch nie mit der praktischen Tasche am Bauch zum Einkaufen hopst.

Dass das junge Känguru so gern in Mamas Beutel hockt, ist leicht nachvollziehbar. Denn gemütlicher geht's kaum! Der Beutel ist innen ein unbehaarter, ganz weicher Sack, der sich nicht nass, aber angenehm feucht anfühlt – so ähnlich wie bei uns unter den Achseln, nur dass er nie nach Schweiß riecht. Die Körpertemperatur des Muttertiers sorgt dafür, dass es im Beutel immer mollig warm ist – das reinste Paradies. Kein Wunder, dass sich die verwöhnten Kängurubabys gern 230 Tage im Beutel herumschleppen lassen, bevor sie endgültig auf eigenen Beinen durch die Welt springen. Ab dem 180. Tag hüpfen die kleinen Kerlchen probehalber schon mal raus – und Hals über Kopf wieder zurück in den Beutel, wenn sie irgendetwas erschreckt hat.

Was man auf den ersten Blick nicht bemerkt: Kängurus haben mehrere Babys gleichzeitig – dank einer ausgeklügelten Fortpflanzungsstrategie. Sobald ein Jungtier groß genug ist, dass es den Beutel ab und zu verlassen kann, gebärt die Kängurumutter einen neuen Mini-Embryo, etwa einen Zentimeter groß, der auf einer von der Mutter geleckten Schleimspur von der Scheide in den Beutel krabbelt. Dort wächst das Kerlchen an der Zitze fest und bekommt, weil es selbst noch keine Muskeln zum Saugen hat, mithilfe eines Milchmuskels die Milch in den Mund eingespritzt. Richtig gemütlich wird's im Beutel, wenn dann gleichzeitig das größere Geschwisterchen von außen an der anderen Zitze nuckelt. Die Kängurumutter produziert für die beiden Babys sogar zwei unterschiedliche Milchtypen – eine wirklich gute Kinderstube, so ein Kängurubeutel.

Und während die beiden Jungen im Beutel wachsen und gedeihen, reift in der Gebärmutter schon wieder der nächste Embryo heran. Das ist von der Natur so geschickt eingefädelt, dass die Kängurus im Gegensatz zu andern großen Säugetieren eigentlich nie Nachwuchssorgen haben. Und wenn sie mal ein Jungtier wegen Trockenheit oder Wassermangel verlieren, sitzt schon der neue Embryo bereit und wartet darauf, geboren zu werden, sobald die Wetterbedingungen wieder besser sind. Nachwuchs auf Abruf, der so nur bei den Kängurus funktioniert.

Taugt der Kängurubeutel als Einkaufstasche?

Haben Kühe Milchzähne?

Was ein richtiger Milchbubi ist, der hat auch Milchzähne – bei den Menschen wie bei den Tieren. Wie alle Säuger wechseln auch die Kühe einmal im Leben die Zähne, allerdings nur Schneide- und Vorbackenzähne. Auf den hinteren Backenzähnen muss die Kuh ein Leben lang herumkauen. Ganz genau genommen haben Kühe im Oberkiefer, zumindest was die Schneidezähne betrifft, auch keine Milchzähne. An Stelle der Zähne tritt nämlich eine mit starken Hornpapillen besetzte Reibeplatte, die jeden Zahnarzt neidisch macht. Da die Kuh bekanntlich Heu und Gras wieder und wieder durchkaut, sind ihre Zähne viel mehr beansprucht als zum Beispiel die des Menschen, die sich höchstens mal mit einem Kaugummi länger rumplagen müssen.

Das ist tatsächlich der Grund dafür, weshalb die Kuh nicht halb so alt werden kann wie ein Mensch. Das Gebiss ist bei den Säugetieren ein lebensbegrenzender Faktor. Wenn die zweite Zahngarnitur abgeschliffen ist, hilft kein Zahnarzt mehr. Dritte Zähne kann sich gemeinerweise nur der Mensch leisten – oder der ein oder andere Promi-Hund in den USA, der schon mal einen künstlichen Zahn in den Kieferknochen eingepflanzt bekommt. Wer einen Kuhmagen hat, der hat ständig Appetit auf saftige Grasbüschel. Doch so gesund ist das Grünzeug auch wieder nicht. Durch das ständige Mahlen der silikathaltigen Gräser wird allmählich der Zahnschmelz abgerieben. Eines Tages kann die Kuh die Nahrung nicht mehr zerkleinern. Und da keiner auf die Idee kommt, sie per Magensonde künstlich zu ernähren, muss sie verhungern.

In der freien Wildbahn ist ein zahnloser Löwe genauso gefährlich wie ein Stubentiger. Wer nicht mehr zubeißen kann, dem läuft das Filetstückchen vor der Nase weg. Und keiner der Artgenossen denkt daran, dem alten Löwen sein Fressen portionsweise vorzukauen …

Nirgends kann man das Alter eines Tieres so gut ablesen wie am Gebiss. Deshalb schaut auch der Pferdehändler dem Gaul, den er kaufen will, als Erstes ins Maul. Ist ein Pferd noch jung, hat es auf den Schneidezähnen Farbeinlagerungen, die so genannten „Kunden". Das sind dunkle Flecken, die von Jahr zu Jahr kleiner werden, bis sie schließlich im Alter von ungefähr acht Jahren ganz verschwunden sind. Will ein Pferdeverkäufer seinen alten Klepper trotzdem noch loswerden, verlässt er sich deshalb gern auf den uralten Rosstäuschertrick: Mit einem heißen Eisen brennt er die Kunden wieder auf. „Gitschen" oder „Meulochen" nennt man das in diesem Milieu auf gut Rotwelsch. Das ist etwa so, als wenn einer beim Verkauf seines alten Diesels zuvor die Tachowelle zurückdreht.

Einem geschenkten Gaul ins Maul zu sehen wäre genauso unhöflich, wie bei einem Geschenk gleich nach dem Preisschild zu gucken. Beides macht man erst, wenn der edle Spender sich verabschiedet hat.

Haben Kühe Milchzähne?

Ist der Dackel tiefer gelegt?

Eigentlich ist der Dackel ein Wolf im Hundepelz. Denn alle Hunde, egal wie riesig oder winzig sie sind, stammen vom Wolf ab – nicht etwa vom Fuchs oder Schakal. Dass unsere Hunde den Wölfen kaum mehr gleichen, dafür hat der Mensch gesorgt. Er hat den Dackel nämlich tatsächlich tiefer gelegt – und zwar durch permanente Zucht.

Das heißt, man hat immer wieder kleinwüchsige Hunde miteinander gekreuzt, bis dabei am Ende ein Dackel herauskam, der mit dem Bauch fast den Boden berührt wie ein Opel Manta.

Im Grunde sind also die mickrigen Stummelbeine, mit denen der Dackel mehr schlecht als recht laufen kann, eine angezüchtete Missbildung des Knochenbaus. Genauso übrigens wie die langen Beine des Schäferhundes, der durch Überzüchtung oft an Hüftgelenksschäden leidet. Und doch bilden Hundeliebhaber sich Wunder was ein auf ihre „reinrassigen" Tiere.

Die Natur selbst wäre nie auf die Idee gekommen, einen Dackel, Mops oder Foxterrier hervorzubringen – so etwas konnte wirklich nur dem Menschen einfallen. Denn er liebt grundsätzlich alles, was klein ist: Zwerghasen, Zwergpudel, Bonsai-Bäumchen – Hauptsache, sie sind niedlich und praktisch. Der Mensch will sein Schoßhündchen streicheln und kosen und sein Zwergpony am liebsten mit auf die Wohnzimmercouch nehmen. Ob das den Tieren selbst so gut tut, ist eine andere Frage.

Inzucht hatte bei Lebewesen auf die Dauer immer schlimme Folgen, denn das natürliche Prinzip heißt Stärkung der Art durch Mischung. Der Mensch hat viele Tierrassen durch extreme Züchtung, so genannte „Qualzuchten", allerdings eher geschwächt als gestärkt. So gibt es Hunderassen wie den mexikanischen Nackthund oder den chinesischen Faltenhund Shai Pei, die durch ständige Inzucht schließlich mit Gen-Defekten als Allergiker auf die Welt kommen. Der weiße Bullterrier ist meistens taub, Goldfische haben oft schreckliche Quellaugen und der schwanzlosen Katze von der Insel Man hat man einfach einen Teil der Wirbelsäule weggezüchtet, sodass sie beim Anblick einer Maus nicht einmal mehr mit dem Schwanz zucken kann.

Und wer den berühmten weißen Tigern von Siegfried und Roy mal genauer in die Augen schaut, wird feststellen, dass sie erbärmlich schielen und häufig unter Tränenfluss leiden. Ein angeborener Defekt im Immunsystem macht sie außerdem sehr anfällig für Krankheiten. Beides ist die Folge davon, dass die Showtiger von einem einzigen weißen Tigerweibchen eines indischen Maharadschas abstammen, auf das immer wieder rückgekreuzt wurde. Aus Sensationsgier und Lust am Exotischen nimmt der Mensch Missbildungen bei Tieren in Kauf. So kann die Zucht zur puren Tierquälerei werden und die Neuregelung unseres Tierschutzgesetzes soll nun solchem Unsinn einen Riegel vorschieben.

Ist der Dackel tiefer gelegt?

Könnte die Brieftaube bei der Post arbeiten?

Die Post könnte sich freuen, wenn alle ihre Mitarbeiter so zuverlässig wären wie die Brieftauben. Denn eine Brieftaube liefert die ihr anvertraute Botschaft hundertprozentig an der richtigen Adresse ab.

Die Sache hat nur zwei Haken. Erstens: Eine Brieftaube kann nur eine Adresse beliefern, nämlich den Heimat-Taubenschlag, in dem sie geboren wurde. Um dorthin zurückzufinden, orientiert sie sich optisch an Geländemarken genauso wie am ultravioletten Licht der Sonne und am Erdmagnetismus, nachts richtet sie sich nach den Sternen.

Und zweitens: Sie kann jeweils nur einen Brief transportieren, denn mehr als zehn Prozent ihres Körpergewichts kann sie nicht schleppen. Bei 400 Gramm Gewicht sind das dann maximal 40 Gramm; so schwer ist in etwa ein normaler Brief oder zwei Luftpost-Briefe. Die Post würde mit hauptamtlichen Brieftauben statt Briefträgern also zur Schneckenpost.

Andererseits wären Brieftauben für die Kunden erheblich billiger als die Post. Als ausdauernde Fliegerin kann die Brieftaube bis zu 1000 Kilometer zwischen Abflugsort und heimatlichem Taubenschlag im Nonstop-Flug zurücklegen. Und sie verbraucht dabei keinen Tropfen Flugbenzin, fliegt also sauber, umweltfreundlich und – abgesehen von ein paar Körnern als Belohnung – zum Nulltarif. Sie guckt nicht mal nach, ob auch eine Briefmarke auf dem Umschlag klebt.

Was ihren phänomenalen Orientierungssinn angeht, sprechen neuere Beobachtungen dafür, dass vor allem der Geruchssinn der Brieftaube die Landkarte für sie überflüssig macht. Sie scheint in der Atmosphäre verteilte Spurenstoffe, vermutlich sogar einzelne Moleküle, wahrnehmen zu können. Sie ist also eine richtige Schnüfflerin! Nicht einmal ein top ausgebildeter Polizeihund kann es mit ihr aufnehmen. Arme Taube, wenn sie eines Tages ihren Täuberich nicht mehr riechen kann! Sie muss meilenweit wegfliegen, wenn sie ihn nicht nur aus den Augen, sondern auch aus dem Geruchssinn haben will.

Noch besser riechen als die Brieftaube kann nur der Aal. Vom Sargasso-See aus, seinem Schlupf- und Laichplatz bei den Bermudas, schnüffelt er sich ca. 4000 km weit bis zu den europäischen Flüssen durch, um sich dort in acht bis 15 Jahren dick und fett zu fressen. Vorher tummelt er sich vermutlich in den Wracks der vielen Flugzeuge und Schiffe, die ja dort von unbekannten Kräften in die Tiefe gesogen werden sollen.

Dann schwimmt er immer der Nase nach zurück, sorgt für Nachwuchs und dankt ab. Obwohl der Aal nie Alkoholiker war, schafft er es tatsächlich, einen Milliliter Alkohol noch in der 58-fachen Wassermenge des Bodensees zu erschnüffeln! Vorsicht also, wenn der Polizist bei der nächsten Alkoholkontrolle einen ungeräucherten Aal statt der Blasetüte zückt.

Könnte die Brieftaube bei der Post arbeiten?

Müssen Tiere Zähne putzen?

Tiere haben's gut: sie müssen sich nicht die Zähne putzen, sie lassen putzen. Das Krokodil zum Beispiel braucht keine elektrische Zahnbürste, weil es eine lebendige hat. Ein kleiner Vogel, der Krokodilwächter, schlüpft in das Krokodilmaul hinein und pickt aus dem riesigen reißwolfähnlichen Gebiss mit seinen ständig nachwachsenden Zahnreihen die Fleischreste heraus. Wie kann man sich nur freiwillig in solche Gefahr begeben, fragen wir uns und bewundern den waghalsigen kleinen Kerl. Aber das Krokodil weiß ganz genau: Ich darf das Maul jetzt nicht zuklappen, sonst kommt mein Zahnarzt nie wieder.

Ähnlich praktisch ist die Zahnpflege im Ozean geregelt. Große Fische lassen sich von kleinen Putzergarnelen Oberfläche und Kiemen putzen. Der Putzerfisch schwimmt Haifischen und Zackenbarschen ins Maul, um ihre Zähne makellos sauber zu halten. Die Natur musste sich etwas einfallen lassen, nachdem Plomben und Zahnersatz im Ozean so schwer zu bekommen sind.

Die Bewohner des Dschungels müssen ganz ohne Zahnbürste auskommen, was eigentlich kein Problem für die Tiere ist. Das Gebiss des Löwen ist beispielsweise extra so konstruiert, dass der Abstand zwischen den Zähnen und Zahnreihen sehr groß ist und nicht viel Futter hängen bleiben kann. Außerdem pflegt der Löwe seine Beute nicht langsam zu zerkauen, sondern er verschlingt sie in großen Brocken. Auch deshalb bleiben nicht viele Reste zwischen den Zähnen stecken. Aber obwohl Löwen und Tiger keine Zuckerbonbons lutschen, können sie Zahnstein bekommen. Dann faulen die Zähne, und weil die Tiere nicht rechtzeitig zum Zahnarzt gehen, fallen sie irgendwann raus. Das kann fatale Folgen haben: Wenn ein Tiger seine Eckzähne verliert, kann er seine übliche Beute nicht mehr fangen, und er jagt, was sich leicht erwischen lässt – Menschen. In Bangladesch und Indien sind in zehn Jahren über 250 Menschen von hungrigen Tigern getötet worden – nur weil die Viecher schlechte Zähne hatten!

So böse endet es zum Glück nicht, wenn unser Hund Zahnprobleme hat. Diese äußern sich schlimmstenfalls durch üblen Mundgeruch. Und schuld daran ist wieder mal der Mensch. Denn er füttert die Tiere mit Fertigfutter, das so gemacht ist, dass Hund und Katze es einfach runterschlingen können, ohne kauen zu müssen. Dadurch fehlt der Kaudruck aufs Zahnfleisch, das Zahnfleisch wird schlecht durchblutet, und an den Zähnen bildet sich Zahnstein – eben wie beim Menschen, wenn er sich die Zähne nicht putzt. Bakterien siedeln sich an, der Zahnschmelz wird zersetzt, und schon haben auch Haustiere Karies. Also, entweder kriegen die Tiere was Ordentliches zum Kauen, oder sie müssen regelmäßig zum Zahnsteinentfernen. Damit sie auch morgen noch kraftvoll zubeißen können.

Müssen Tiere Zähne putzen?

Kann die Schnecke umziehen?

Die Schnecke ist ein extrem häusliches Tier – so häuslich, dass sie ihr ganzes Leben in ein und demselben Häuschen verbringt. Und so ein Schneckenleben kann immerhin bis zu 18 Jahre dauern.

Schnecken ziehen also niemals um. Das liegt daran, dass sie gar nicht erst irgendwo einziehen. Sie kommen nämlich schon mit dem eigenen Häuschen zur Welt. Wenn im Frühjahr die Jungschnecken aus den Eiern schlüpfen, tragen sie auf dem Rücken bereits ein dünnes, durchsichtiges Häuschen. Mit der Zeit wird es durch Kalkablagerung fester und farbiger, bis die Schnecke am Ende ein richtig prächtiges Schneckenhaus mit sich herumschleppt, das ein ganzes Leben lang mitwächst. So muss die Schnecke nie anbauen oder sich ein größeres Haus suchen, um immer genügend Platz zu haben.

Ein bisschen langweilig ist das Leben in so einem Schneckenhaus aber schon, denn Besuch kommt höchstens einmal im Jahr vorbei: im Frühjahr zur Paarungszeit. Schnecken sind zwar Zwitter, sie könnten also theoretisch ihre Eier mit eigenen Samen befruchten. Aber der Gen-Austausch mit anderen Schnecken ist besser für die Arterhaltung. Das ahnt die Zwitter-Schnecke und paart sich deshalb lieber mit einem Artgenossen.

Schnecken beneiden sich übrigens nicht gegenseitig um ihre Häuser. Unterschiede macht da nur der Mensch. Der hat herausgefunden, dass es rechts- und linksgedrehte Schneckenhäuschen gibt – wobei er die linksgedrehten bevorzugt, weil sie seltener sind und weil man sie auf Schnecken-Tauschbörsen deshalb teurer verkaufen kann. Während der Mensch die Schnecken mit den linksgedrehten Häuschen also zum „Schneckenkönig" ernannt hat, fällt den Schnecken selbst diese angebliche Pracht gar nicht auf. Sie kriechen und schleimen zwar, sind aber nicht autoritätsgläubig.

Wenn die Schnecke nie aus dem Haus geht, warum findet man dann oft leer stehende Schneckenhäuser? Der Grund dafür ist eher traurig: Ein leeres Schneckenhaus bedeutet nämlich immer, dass seine Bewohnerin schon gestorben ist.

Nun kriechen andererseits auch genügend Nacktschnecken herum, die wir als eklig und schleimig abstempeln und die nie ein Haus besessen haben. Wären also Wohnungsannoncen für Schnecken die Lösung? – Wohl kaum.

Nacktschnecken haben es gar nicht nötig, sich in einem Häuschen einzuquartieren. Sie kommen ohne aus, weil nicht nur der Mensch sich vor ihnen ekelt, sondern auch Fraßfeinde wie Füchse oder Igel. Der „eklige" Schleim ist also in Wirklichkeit ein hervorragender Schutz, der jedes Schneckenhaus ersetzt. Und er tötet obendrein Bakterien ab.

Vielleicht verschwinden deshalb Warzen sofort, wenn man bei Vollmond an der Friedhofsmauer eine schwarze Schnecke drüberkrabbeln lässt. Wer's nicht glaubt, kann's ja mal ausprobieren.

Kann die Schnecke umziehen?

Warum bringt der Klapperstorch die Babys?

Wer sollte die Babys sonst bringen, wenn nicht der Klapperstorch? Der Adler zum Beispiel hat viel zu scharfe Krallen und einen Hakenschnabel. Er würde die zarte Babyhaut zerkratzen. Außerdem ist er als Wappenvogel zu sehr beschäftigt.

Der Kolkrabe ist dazu ebenso wenig zu gebrauchen, denn er plappert auch im Flug in einer Tour, sodass ihm die Babys unterwegs garantiert aus dem Schnabel fallen würden. Schließlich hat er ja seinerzeit vor lauter Plapperei dem listigen Fuchs einen delikaten Camembert überlassen, wie uns der Fabelerzähler La Fontaine zu berichten wusste.

Nur der Storch ist mit einem Gewicht von vier Kilo und einer Flügelspannweite von bis zu zwei Metern groß und kräftig genug, diese verantwortungsvolle Aufgabe erfüllen zu können.

Aber woher bekommt er die Babys? Das wissen wir trotz eingehender Forschung immer noch nicht ganz genau. Manche behaupten, er holt sie aus dem Himmels-Seerosenteich – wobei die geografische Lage dieses Teiches nicht bekannt ist. In Frankreich wird vermutet, dass die Babys auf dem Feld in den Kohlköpfen wachsen – auch keine schlechte Theorie. Diese passt nun aber wieder ganz und gar nicht zu dem amerikanischen Spitznamen „Krauts" für die Deutschen!

Ganz egal, wie weit entfernt die Babyquelle liegen mag, dem Storch ist keine Distanz zu weit. Schließlich fliegt er jeden Winter über den Bosporus oder über Gibraltar bis nach Afrika, zum Teil bis nach Südafrika! Womit auch erklärt wäre, warum er manchmal ein besonders hübsches schwarzes Baby anschleppt, wenn er aus dem Winterurlaub zurückkommt.

Farbenblind ist der Storch sicher nicht. Er kann sogar UV-Licht sehen, was ihm bei der Orientierung hilft. Sonst wäre es gar nicht so einfach, ohne Landkarte aus Afrika wieder nach Hause zu finden. Die Störche sind heutzutage aber gar nicht mehr so reiselustig, wie sie es früher einmal waren. Da, wo ihnen Menschen Kost und Logis zur Verfügung stellen, überwintern sie gern. Warum in die Ferne schweifen, wenn das Gute liegt so nah? In warmen Wintern sparen sich die Störche gerne die Reisekosten und bleiben als „Lagerstorche" in heimischen Gefilden.

Und wer legt den Storcheneltern die jungen Störchlein ins Nest – wenn sie schon so damit beschäftigt sind, für den menschlichen Nachwuchs zu sorgen? Dafür sorgen die Störche selbst – ganz ohne Seerosenteich oder Kohlkopffeld. Einander lebenslang in treuer Partnerschaft verbunden, wacht das Storchenpärchen eifersüchtig darüber, dass ihm ja kein Schwarzstorch untergejubelt wird. Mit diesem dunklen Waldgesellen, einer eigenen Storchenart, will man als Bewohner hoher Kirchtürme nichts zu tun haben. Schließlich soll die eigene weiße Weste an die Nachkommen weitergegeben werden.

Warum kriegt die Schildkröte so früh Falten?

Würde die Schildkröte Oil of Olaz verwenden, sie sähe trotzdem immer alt aus. Denn Schildkröten kommen schon mit Falten zur Welt, sie sind bei ihnen also keine Alterserscheinung.

Seit 130 Millionen Jahren, seit der Kreidezeit, sehen die Schildkröten so aus wie heute: Hals und Beine voller Falten, das Gesicht ohne Zähne. Dies ist aber nur der äußere Eindruck, denn unter dem Panzer ist die Haut der Schildkröte ganz sanft und glatt. Nur an den Stellen, wo sie ihre Gliedmaßen bewegt, an Hals und Beinen, hat sie Falten. Die Falten sind also nützlich für die Schildkröte. Und Zähne braucht sie keine, weil sie dafür einen scharfkantigen Hornschnabel besitzt.

Aber natürlich altert auch die Schildkröte, wenn auch längst nicht so schnell wie andere Tiere. Den Viechern geht's nämlich nicht besser als den Menschen: sie kriegen graue Haare, den Pferden geht das Kammfett aus, die Mähne wird spröde. Katzen, Hunde und Vögel können im Auge einen grauen Star bekommen. Tiere haben sogar dieselben Figurprobleme wie wir Menschen: mit dem Alter werden sie dicker. Denn viele Alterserscheinungen sind – wie beim Menschen – dadurch bedingt, dass der Stoffwechsel sich verlangsamt. Schlackestoffe lagern sich ab, Nährstoffe werden nicht mehr verbraucht, sondern sammeln sich als Fettpolster an.

Glücklicherweise dauert der Alterungsprozess bei den Menschen viele Jahre länger. Ein Hund ist ja mit zehn Jahren schon richtig alt. Und wenn er zum Bauchansatz neigt, sollten Herrchen oder Frauchen ihn besser ein bisschen hungern lassen, denn sonst macht das Herz irgendwann nicht mehr mit, und der dicke Mops bekommt Durchblutungsstörungen.

Hat ein Hund schon als Baby eine graue Schnauze, dann hängt das nicht mit dem Alter, sondern mit den Genen zusammen. Der Papa könnte zum Beispiel ein weißhaariger Typ gewesen sein, und das sieht man dann an der Nase.

Die Gene legen auch fest, dass alle Eisbären ein weißes Fell haben. Sie können nicht grau werden, aber ihr Alter kann man trotzdem an bestimmten Merkmalen erkennen – an den Augen zum Beispiel. Eisbären werden oft altersblind. Auch Körperform und -haltung ändern sich. An der Art, wie der Eisbär dahertrottet, sieht man ihm schon von weitem an, ob er noch jung und fit ist oder schon alt und behäbig. Alt, das heißt für den Eisbären: 40 Jahre. Der Elefant ist mit 50 ein Greis und wird maximal 60 bis 65 Jahre alt, Schimpansen haben eine Lebenserwartung von etwa 50 Jahren.

Nur wenige Tiere werden älter als der Mensch – die Schildkröte zum Beispiel. Sie kann 150 Jahre und länger leben. Papageien und Adler können um die 80 Jahre alt werden, der Kolkrabe über 100 und der Karpfen bis 100 Jahre – wenn er nicht in der Pfanne landet.

Warum kriegt die Schildkröte so früh Falten?

Muss die Gämse ihren Gamsbart rasieren?

Nass- oder Trockenrasur – das ist für den Gamsbock nicht die Frage. Bei ihm ersetzt die Natur das Rasiermesser. Er steht auch nicht jeden Morgen vor dem Spiegel: Eine Rasur pro Jahr genügt. Denn im Frühjahr fällt mit dem Fellwechsel der Gamsbart von selbst aus. Danach dürfen die Stoppeln wieder wachsen, bis es ein richtig schöner Vollbart wird – auf dem Rücken. Denn die Gämse trägt keinen Ziegenbart am Kinn wie die Hausziege, sondern einen stattlichen Rückenbart.

Wie die Brustbehaarung beim Menschen ist auch der Rückenbart des Gamsbocks nichts anderes als eine Demonstration von Männlichkeit. Je dichter und üppiger der Haar- oder Borstenwuchs, desto beeindruckender ist er für die Artgenossen. Mithilfe von speziellen Hautmuskeln kann der Gamsbock seinen Bart so aufstellen, dass sein Körper fast doppelt so groß wirkt – ein beliebtes Mittel während der Brunftzeit, um die Konkurrenz auszustechen. Wenn zwei Gamsböcke am selben Gämsenweibchen interessiert sind, schleichen sie erst drohend umeinander herum und stellen ihren Gamsbart auf, bevor es tatsächlich zum Kampf kommt. Es geht also darum, mit dem Bart die Silhouette des Körpers zu vergrößern, imponierender auszusehen. Der Gamsbock hat also nicht das geringste Interesse daran, sich zu rasieren! Deshalb würde er dem Menschen seinen Gamsbart auch nie freiwillig als Hutschmuck abtreten. An diese Trophäe kommt nur ein Jäger, der eine Gämse geschossen hat. Der Bart wird ausgerupft und kunstvoll gebunden. Ein echter Gamsbart darf auf keinen Fall aussehen wie ein Rasierpinsel mit gleich langen Borsten. Die Gämsenhaare werden um einen Stift hochgewickelt und fallen an der Spitze locker auseinander. So und nicht anders muss ein Gamsbart aussehen.

Vieles, was sich ein bayrischer Gamsbart nennt, stammt in Wahrheit von Wildziegen aus dem Himalaja. Die so genannten „Tahre" haben nämlich noch längere Barthaare, die – wenn man sie geschickt einfärbt – den Gämsenhaaren sehr ähnlich sehen. Aber Pfusch bleibt Pfusch, und wer etwas auf sich hält, zahlt lieber viel Geld für einen der raren echten Gamsbärte.

Während die Gämsenfrau am Rücken nur mit einem leichten Flaum behaart ist, tragen Walross- und Seehundfrauen genau wie ihre Männer einen Schnurrbart. Es mag sein, dass die Tiere das sogar schick finden. In der Hauptsache ist dieser Schnauzer aber enorm nützlich, weil die einzelnen Haare indirekt mit Nerven verbunden sind, sodass sie als zusätzliche Tastorgane dienen. Mithilfe des Bartes können Seehunde auch im dunklen Wasser Fische ertasten, Walrösser buddeln damit zielsicher Muscheln aus dem Schlamm und lassen die Steine liegen.

Der Damenbart ist bei den Tieren also groß in Mode, und auch der Gamsbart am Hut des Alpensohnes wird es wohl bleiben.

Muss die Gämse ihren Gamsbart rasieren?

Nur der Mensch kommt auf die Idee, das schwarze Schaf als Außenseiter abzustempeln. Den Schafen selbst ist diese Schwarzweißmalerei völlig fremd. Ihnen ist es wurscht, ob ein Tier in der Herde andersfarbig herumläuft. Schaf bleibt Schaf, solange Fell, Schwanz und Gebell nicht auf einen Schäferhund oder gar Wolf hindeuten.

Das weiße Schaf ist für uns ein Symbol der Reinheit; die Menschen halten es für lammfromm – weshalb sich der böse Wolf gern mit einem Schafspelz tarnt, wenn er uns fressen will. Doch das weiße Schaf ist eine rein menschliche Erfindung. Von Natur aus gäbe es eigentlich nur schwarze Schafe auf der Welt, und die weißen wären die Ausnahme. Da der Mensch aber scharf auf die weiße Wolle war, hat er die wenigen paar Schafe mit hellen Flecken wieder und wieder gekreuzt, bis er am Ende rein weiße Herden herausgezüchtet hatte.

Ist das schwarze Schaf ein Außenseiter?

Aber noch heute schlägt manchmal ein Pigmentfleck von den Ahnen durch und beschert dem weißen Schaf einen schwarzen Fleck. Für Tropenschafe ist dieser Farbtupfer sogar lebensnotwendig, denn er macht sie immun gegen Sonnenbrand. Dem rein weißen Schaf fehlt nämlich ein bestimmtes Gen, das nötig ist, um chemische Substanzen abzubauen, die mit der Nahrung aufgenommen werden. Diese fotosensiblen Substanzen werden dann in der Haut abgelagert und können Sonnenbrand verursachen – in tropisch heißen Ländern so extrem, dass das Tier keine Überlebenschance hätte. In den Tropen ist also das weiße Schaf das „schwarze Schaf".

Die Natur hat sich ohnehin eine Menge gedacht bei der Farbgebung. Dem Birkenspanner-Schmetterling hat sie zum Beispiel eine weiße Haut mit grauen Punkten gegeben, damit er seelenruhig auf der Birkenrinde sitzen kann, während der gefräßige Vogel vorbeifliegt, der ihn wegen seiner guten Tarnung einfach übersieht. Doch dann pulverte der Mensch durch seine Fabrikschlote so viele Abgase in die Luft, dass die Birken in Industriegebieten plötzlich mit dunklen Flechten überzogen wurden. Und plötzlich war der weiße Birkenspanner richtig auffällig, wenn er auf der dunklen Rinde saß. Die Vögel veranstalteten ein wahres Festessen, das nur ein paar Birkenspanner, die durch einen genetischen Zufall dunkel gefärbt waren, überlebten. Sie vermehrten sich wieder, und seither sind fast alle Birkenspanner dunkel. Man nennt diese Anpassung „Industriemelanismus". Ganz unbewusst ist hier also der Schmutzfink Mensch zu einem evolutiven Selektionsfaktor geworden.

„Schwarze Schafe" kommen übrigens in den besten Tierfamilien vor: Bei den Amseln oder Spatzen sind sie zum Beispiel weiß. Leicht haben es diese Exoten leider nicht, denn alles, was von der Wildfarbe abweicht, wird vom Feind eher entdeckt und noch schneller gefressen. Schwarz und Weiß schmecken nämlich gleich gut.

Ist das schwarze Schaf ein Außenseiter?

Ist der Elefant dickhäutig?

Der Elefant hat eine dicke Haut, das kann man sehen, aber er hat überhaupt kein dickes Fell. Elefanten sind nicht nur Mimöschen und bei jeder Spritze, die der Tierarzt verpassen muss, ernsthaft gekränkt, sondern auch sehr nachtragend.

So ein beleidigter Elefant war in einem Kino-Werbespot für Schokolade zu sehen: Ein kleiner Junge hält dem jungen Elefanten im Zoo verführerisch ein Stückchen Schokolade vor den Rüssel und futtert es dann selbst. Jahre später – Junge und Elefant sind erwachsen geworden – begegnen sich die beiden bei einer Zirkusparade wieder. Und der Elefant verpasst dem jungen Mann, der ihn damals mit der Schokolade geärgert hat, gehörig eine mit dem Rüssel. Sein Elefantengedächtnis vergisst nämlich so schnell nichts!

Schon in den Fünfzigerjahren haben deutsche Zoologen das Gedächtnis der Elefanten auf die Probe gestellt. Ein Jahr lang haben sie mit einem Versuchstier eine Art „Memory" gespielt. Der Elefant musste aus 26 Einzelbildern 13 Figurenpaare zusammenstellen. Und siehe da: Nach einem Jahr konnte er fast perfekt mitspielen.

Aber das war noch nicht alles. Als derselbe Forscher über 30 Jahre später den Elefanten wieder besuchte, wurde er stürmisch begrüßt und sofort wieder erkannt. Wahrscheinlich wollte der Elefant „Memory" spielen …

Mit einem Elefanten kann man also leicht Freundschaft schließen. Wer lieb zu ihm ist, den behält er im Gedächtnis. Aber auch den Tierarzt mit der Spritze erkennt er schon auf 100 Meter Entfernung. Wie gesagt, der Elefant leidet entsetzlich beim kleinsten Piks.

Er ist aber nicht nur psychisch äußerst sensibel, sondern er hat auch eine sehr empfindliche Haut. Im Tierpark wird die Haut der Elefanten besonders sorgfältig gepflegt. Weil man dafür ein paar Liter Nivea-Milch pro Elefant verbrauchen würde, gibt es andere Methoden – zum Beispiel einen Hochdruckreiniger, mit dem der Elefant gewaschen wird. Das liebt er über alles, und seine dicke Haut wird dabei glatt wie ein Kinderpopo! Wenn wir also von „Pfirsichhaut" sprechen, könnten wir genauso gut „Elefantenhaut" sagen. Das wäre keine Beleidigung, sondern ein Kompliment. Im Übrigen tut man dem Elefanten unrecht, wenn man ihn als Trampeltier bezeichnet. Wenn er will, weiß er sich sehr wohl zu benehmen – selbst im Porzellanladen. Da der Elefant auf großem Fuß lebt, sind seine Fußflächen nur halb so belastet wie die einer Ballerina. Die vier Tonnen Gewicht eines Elefanten verteilen sich schließlich auf etwa 1700 Quadratzentimeter Fußfläche. Das heißt, er kann auf so leisen Sohlen antanzen, dass ihn gar keiner bemerkt.

Wenn er aber nicht elegant und freundlich sein will, kann er selbstverständlich einen oder auch mehrere Porzellanläden vollständig zerlegen.

Ist der Elefant dickhäutig?

Ist der Schwertfisch Pazifist?

Der Schwertfisch ist definitiv kein Pazifist, weil er ein Hochseefisch der gemäßigten Meere, also des Atlantiks ist und nicht des Pazifiks. Schon deshalb wäre es völlig falsch, ihn als „Pazifisten" zu bezeichnen.

Abgesehen davon ist er auch nicht gerade friedliebend, sondern sogar höchst aggressiv. Nicht umsonst trägt er sein Schwert immer gezückt vor sich her. Wehe dem, der ihm in die Quere kommt!

Der Schwertfisch ist einer der schnellsten Fische überhaupt – gebaut wie ein Tragflächenboot mit tief angesetzten Brustflossen und einer hohen sichelförmigen Schwanzflosse. So zischt er mit 80 Stundenkilometern durchs Wasser und verfolgt als Supersprinter seine Beute sogar noch in 600 Metern Tiefe.Das macht ihm so schnell kein anderer Fisch nach!

Der Schwertfisch greift gerne in die Vollen. Das heißt, er düst mit voller Geschwindigkeit zum Beispiel in einen Makrelenschwarm hinein und frisst alles, was ihm vors Maul schwimmt. Ob er die Fische vorher mit dem Schwert k.o. schlägt, wissen die Forscher leider noch nicht mit Sicherheit. Denn Hochseefische sind äußerst schwer zu beobachten. Bisher kann man deshalb nur mutmaßen, wozu die große Schwertnase des Schwertfischs wohl taugen mag.

Fest steht, dass das Schwert nicht nur Dekoration ist; es schneidet wirklich, und es ist sicherlich auch zu irgendetwas nütze. Es wäre möglich, dass es bei der Suche der Schwertfischmännchen nach einem geeigneten Paarungsort eine Rolle spielt. Ob sich die Schwertfische damit echte Fechtkämpfe liefern, ist unbekannt. Es wurden allerdings schon Haie gesichtet, die ein solches Schwert im Bauch hatten. Und im Britischen Museum in London steht ein Boot, das gesunken ist, nachdem es von einem Schwertfisch gerammt wurde. Das Schwert steckt 56 Zentimeter tief in der Bootswand!

Manche Forscher glauben, der Schwertfisch schwimmt so schnell durchs Wasser, dass er einfach blind gegen ein Boot oder einen Hai knallen könnte. Aber wahrscheinlicher ist wohl, dass ein Fisch, der schnell schwimmen kann, auch in der Lage ist, schnell auszuweichen.

Wie gesagt, der Schwertfisch hat sicher nicht das Zeug zum Musketier, aber es ist denkbar, dass er auf der Suche nach Beute in einen Fischschwarm hineinschwimmt und mit dem Schwert wie mit einer Machete um sich schlägt, um Fische zu verletzen. So kann er sie leichter fangen und verspeisen. Allerdings hat er keine Zähne im Mund, weshalb er die mit dem Schwert tranchierte Beute nicht kauen kann, sondern die zubereiteten Fischstäbchen im Ganzen schlucken muss.

Wenn diese Theorie stimmt, dann ist das Schwert des Schwertfischs also quasi ein Vorlegebesteck für sein Mittagessen, mindestens so scharf wie unser Brotmesser – und das immer, ohne Nachschleifen.

Ist der Ziegenmann ein geiler Bock?

Nicht nur wir Menschen haben Frühlingsgefühle. Auch bei den Tieren spielen die Hormone verrückt, wenn die ersten Sonnenstrahlen kommen und es länger hell ist. Was die Tiere dann allerdings anstellen, scheint uns doch etwas übertrieben: Kater jammern nächtelang, um von ihrer Mieze erhört zu werden, röhrende Hirsche liefern sich Geweihgefechte um die Auserwählte, der Ziegenbock ist so geil, dass er sich auf jedes Ziegenweibchen stürzt, das sich in seiner Nähe befindet.

Wenn wir über dieses animalische Triebleben lachen, sollten wir bedenken, dass die meisten Tiere – im Gegensatz zu uns Menschen – nur einmal im Jahr „können" – eben im Frühling oder, wie der Hirsch, im Herbst. Vor allem Wildtiere sind monoöstrisch, das heißt, sie sind nur einmal im Jahr fortpflanzungsbereit – im Gegensatz zu polyöstrischen Haustieren wie Rind, Ziege oder Schaf.

Wenn die Tage länger werden, kommt der entscheidende Hormonschub. Spitz, wie Nachbars Lumpi in dieser Zeit nun einmal ist, bringt er notfalls durch Gartenzaunlatten die gewagtesten Hundemischungen zu Stande. Der geile Hengst ist kaum zu halten, wenn er laut wiehernd der Stute nachsteigt. Und wenn die Stute Bock auf ihn hat, zeigt sie ihm das, indem sie „blitzt". Das heißt, sie öffnet die Schamlippen, lässt den Hengst die rote Schleimhaut sehen und sendet dazu noch verführerische Geruchsstoffe aus – Pheromone. Unwiderstehlich! Übrigens kann der Hengst feststellen, ob die Stute gerade empfängnisbereit ist, indem er ein paar Tropfen ihres Urins leckt.

Dass sich die Tiere nicht genieren und ihre ausgeprägten Sexualrituale direkt vor unserer Nase aufführen, hat die Menschen stets sehr beeindruckt. Daher kommt es, dass der Teufel immer mit einem Bocks- oder Pferdefuß gezeichnet wurde als Zeichen von Geilheit, die das Christentum jahrhundertelang als etwas Böses verdammte. Während sich Menschen-Frauen heutzutage nicht mehr unbedingt durch männliches Balzgehabe beeindrucken lassen, zieht diese Methode im Tierreich noch immer. Wenn der Pfau sein prachtvolles Rad schlägt, fällt die Pfauendame vor Bewunderung fast in Ohnmacht. Und auch die Stute lässt sich nicht lange bitten, wenn der Hengst ihr in höchsten Tönen ins Ohr wiehert. Tier-Frauen stehen in der Regel auf Machos und müssen schon mal eine Niederlage einstecken, wenn der Hengst den Schwanz einzieht und davongaloppiert, weil er sie nicht riechen kann. Aus demselben Grund müssen die Elefantenweibchen aus dem Zoo manchmal als Sex-Touristinnen in andere Zoos reisen. Denn wenn der Elefantenbulle ein Weibchen nicht mag, geht gar nichts.

Richtige Frühlingsgefühle hat aber doch nur der Mensch, und den bringen diese Gefühle eher zum Dichten als zum Röhren.

Ist der Ziegenmann ein geiler Bock?

Warum läuft das Zebra mit einem Zebrastreifen herum, wo es in der Steppe doch gar keine Fußgänger gibt? Auf diese Frage haben die Wissenschaftler bisher zwei mögliche Antworten gefunden. Die erste Theorie klingt ziemlich plausibel: Das Zebra kann sich mihilfe seines Streifenkleids nämlich förmlich in Luft auflösen.

Dieser Trick funktioniert allerdings nur im heißen Afrika. Im Laufe des Tages, wenn der Boden immer heißer wird, fängt die Luft dort zu flirren an. Man sieht die Hitze förmlich über dem Boden aufsteigen und wabern. Was man dann nicht mehr sieht, sind die Zebras. In der flirrenden Luft lösen sich ihre Körperkonturen auf – eine erstklassige optische Täuschung, die vor Löwen und Hyänen schützt, solange sie nicht in Riechweite auf der Lauer liegen. Man nennt diesen Effekt „Somatolyse". Er funktioniert genauso bei einem Tiger, der sich im Bambusdickicht versteckt. Das Tigerfell verschwindet vor dem bambusgelben Hintergrund wie das der Zebras auf dem freien Feld.

> **Warum läuft das Zebra mit einem Zebrastreifen herum?**

Komischerweise übersehen bei uns Autofahrer gern einen Zebrastreifen, obwohl die Tage selten so heiß sind, dass die Luft flirrt …

Eine andere Theorie besagt, dass die Zebras ihr Fell so wild gemustert haben, um Stechfliegen abzuwehren. Tatsächlich fliegt die Tsetsefliege Zebras deutlich weniger an als andere Tiere, weil sie offensichtlich mit ihren Facettenaugen das Streifenmuster schlecht erkennen kann. Das Zebra wird nicht als ganzes Tier wahrgenommen, sondern als inhomogenes Feld, uninteressant für die gefährlichen Fliegen.

Den Kollegen Pferden geht's da schlechter: In manchen Bezirken Ostafrikas ist es nahezu unmöglich, Pferde zu halten, weil sie von den durch Stechfliegen übertragenen Blutparasiten, deren üble Verwandte beim Menschen die Schlafkrankheit auslösen, nur so dahingerafft werden. Die Zebras können dort jedoch gut leben – was für die Fliegen-Theorie spricht.

Obwohl sie so aussehen, sind Zebras keine Pferde, gehören aber sehr wohl derselben Familie der „Equidae" an. Pferd und Zebra sind insofern alte Bekannte, als sie einen gemeinsamen Vorfahren haben, der vor ca. 35 Millionen Jahren lebte. Das Zebra wanderte über Kleinasien nach Afrika ein und legte sich modebewusst und figurbetonend einen schicken Längsstreifenanzug zu. Querstreifung hätte nicht nur dick gemacht, sondern auch den Flimmereffekt verdorben. Je östlicher es in Afrika lebt, desto dichter ist das Zebra gestreift, je südlicher, desto weniger Streifen hat es.

Jedes Zebra dieser Welt sieht übrigens anders aus. Das wunderschön komplizierte Schwarzweißmuster aus Streifen und Flecken ist individuell wie ein Fingerabdruck. Nur geklonte Zebras gibt's zweimal.

Warum läuft das Zebra mit einem Zebrastreifen herum?

Wie verbringt die Eintagsfliege ihren Tag?

Es ist ein herrlicher Tag, den die Eintagsfliege erlebt, denn er ist nur der Liebe gewidmet – oder sagen wir besser: der Fortpflanzung.

Tatsächlich ist die Eintagsfliege von Kopf bis Fuß auf Liebe eingestellt. Ihre Mundwerkzeuge sind verkümmert, und der Magen- und Darmtrakt ist zur Luftblase umfunktioniert, sodass sie leicht und flugtauglich ist, aber selbst wenn sie Appetit hätte, weder Nahrung noch Flüssigkeit zu sich nehmen könnte. Ein fliegendes Spermien- oder Ei-Paket sozusagen. Essen und Trinken wäre in ihrem Fall reine Zeitverschwendung. Schließlich hat sie nur einen Tag Zeit, einen Partner zu finden, sich zu paaren und die Eier abzulegen, um dann nach vollbrachtem Lebenswerk in Frieden sterben zu können.

Kein schönes Leben? Man muss dazu sagen, dass die Eintagsfliege auch ein Vorleben hat: eines als Larve. Und das kann immerhin ein paar Monate dauern – ähnlich wie beim Maikäfer, der vor seinem kurzen Brummflug im Mai bis zu sieben Jahre als Engerling unter der Erde gelebt haben kann. Ganz so tragisch hat es die Natur also nicht eingerichtet.

Die Eintagsfliegenmutter legt ihre Eier auf der Wasseroberfläche von Pfützen, Tümpeln oder langsam fließenden Bächen ab. Daraus schlüpfen die Larven, kleine Weißwürmer, die für Vögel ein gefundenes Fressen sind, weil sie schön viel Eiweiß enthalten. Wenn der Eintagsfliegen-Nachwuchs das Glück hat, das Larvenstadium zu überstehen, häutet er sich mehrmals, bevor er sich dann in eine richtige Fliege verwandelt – einen ganzen Tag lang.

Aus ihrem Larvenstadium, in dem sie sich von Algen ernährt, hat die Fliege noch soviel Vorrat an Glykogen intus, dass es genau für einen Tag reicht. Dann ist der Tank leer, das Flugbenzin ausgegangen, und die Fliege stirbt eines natürlichen Todes. Grausamer ausgedrückt: Sie verhungert bei lebendigem Leibe. Wenn sie nun in Sachen Sex ganz besonders aktiv war, macht sie der Treibstoffmangel möglicherweise auch nur zur Dreivierteltagfliege.

Immerhin hat sie ihre Aufgabe erfüllt: Für die nächste Generation ist gesorgt. Und glücklicherweise weiß sie ja nicht um die Tragik ihres Daseins. Das Wissen vom Tod plagt nur den Menschen. Bei Tieren sind zumindest keinerlei Ahnenkult oder Begräbnisriten bekannt.

Und wer weiß, vielleicht kommt der Eintagsfliege ihr Tag ja auch ziemlich lang vor. Bis so eine drei bis vier Millimeter kleine Fliege durch die große weite Welt geschwirrt ist auf der Suche nach einer Fliege, mit der sie sich paaren kann, ist sie womöglich richtig erschöpft.

Jedenfalls scheint sich das Prinzip bewährt zu haben, denn es gibt weltweit eine ganze Reihe von Eintagsfliegen-Arten. Und alle leben sie nach demselben Motto in den Tag hinein: Nur die Liebe zählt.

Wie verbringt die Eintagsfliege ihren Tag?

Wie dressiert man einen Dinosaurier?

Im Kino sieht es wirklich spektakulär aus: ein monströser Tyrannosaurus Rex, der wutschnaubend hinter einem Jeep herrennt und mit einem kraftvollen Biss die Karosserie in gut verdauliche Häppchen zerlegt. Wie, fragen wir uns, bringt man nur einem Dinosaurier solche Stunts bei? Wohl gar nicht! Deshalb muss in Hollywood ja so viel mit dem Computer getrickst werden.

In Wirklichkeit wäre der majestätische „T-Rex" kaum in der Lage, seine Filmrolle zu lernen. Denn so üppig sein Körperbau auch ausgefallen ist, so wenig Masse ist für das Gehirn übrig geblieben. Das ist so ähnlich wie bei seinen nächsten Verwandten, den Krokodilen, die auch dafür bekannt sind, dass sie eher gefräßig als nachdenklich sind.

Außerdem hätte ein echter Dinosaurier auch kein Interesse daran, einem Auto hinterherzulaufen. Denn Autos sind für ihn genauso unbekannt wie Menschen, die es vor 200 Millionen Jahren auch noch nicht gab. Damals gehörte die Erde den Dinos, und es gab sie in vielfältigsten Arten: als Pflanzenfresser meist vierbeinig, als zweibeinige Fleischfresser wie den Tyrannosaurus Rex, als Flugsaurier oder als Ichthyosaurus, der ins Meer zurückging und von Fischen lebte.

Dieses ganze Saurierleben hatte wahrscheinlich mit einem Knall ein Ende. Während früher die Ansicht verbreitet war, die Dinosaurier seien einfach zu groß für die Arche Noah gewesen, nimmt man heute an, dass es eine kosmische Explosion gab. Ein riesiges Stück eines Asteroiden mit geschätzten 15 Kilometern Durchmesser und einer Sprengkraft von 100 Milliarden Tonnen krachte auf die Erde und explodierte. Die Dinosaurier sind wohl an den Folgeerscheinungen zu Grunde gegangen: Die Luft erhitzte sich um mehr als 30 Grad, die Weltmeere wurden wärmer, Staubwolken stoppten für lange Zeit die Fotosynthese der Pflanzen und damit die Sauerstoffproduktion. Dieses Horrorszenario war vermutlich das Ende der Spezies – und wird es für immer bleiben. Denn Gentechniker, die wie in „Jurassic Park" aus Dinosaurierfossilien die Art wieder auferstehen lassen, gibt es wirklich nur in der Fantasie. In der Zoologie heißt es: „Extinct is forever" – was einmal ausgestorben ist, kommt nicht wieder. Und selbst wenn wir Dinos klonen könnten, es gäbe für diese riesigen Urviecher keinen Platz mehr in unserer Welt. Wo denn auch? In dem riesigen Sibirien ist ja nicht einmal mehr Platz für den Tiger. Und Bär, Wolf sowie Luchs haben in Zentraleuropa kaum Hoffnung auf Asyl.

Zu Anfang des vorigen Jahrhunderts erzählte man sich noch Gruselgeschichten von Dinosauriern, die angeblich in Zentral-Venezuela gesichtet worden seien. Nach heutigen Erkenntnissen ist das ganz und gar unmöglich.

Dinosaurier gibt's nur noch in Hollywood, damit müssen wir uns abfinden. Und nur Steven Spielberg kann sie dressieren. Deshalb ist er auch ein reicher Mann.

Wie dressiert man einen Dinosaurier?

Gibt es Teddybären in freier Wildbahn?

Bären sind ja so kuschelig – solange sie jung sind. Ein ausgewachsener Bär hat mit einem Teddybären so viel zu tun wie ein Piranha mit einem Goldfisch. Mit anderen Worten: Er ist für den Menschen lebensgefährlich – und nicht nur für den Menschen. Selbst die eigenen Jungen sind vor dem Bärenpapa nicht sicher. Deshalb lernen junge Bären verdammt schnell verdammt gut klettern. Nur hoch oben auf den Bäumen können sie sich vor ihrem Vater und anderen Bärenmännchen sicher fühlen, denn der ausgewachsene Bär ist viel zu massig und zu plump zum Klettern.

Gewalt in der Familie ist also ein ernsthaftes Problem bei den Bären. Kein wildes Tier ist so aggressiv und gefährlich wie er. Und dazu noch so hinterhältig, denn Bären haben keine Mimik. Während der Hund, wenn er böse ist, die Ohren anlegt, die Zähne fletscht und dazu zornig knurrt, zuckt der Bär mit keiner Wimper. Er knurrt und faucht auch nicht, sondern frisst einen gleich ohne Vorwarnung.

Woher um alles in der Welt hat der Bär dann sein Kuscheltier-Image? Da fallen wir ganz einfach mal wieder auf das Lorenz'sche Kindchenschema herein. Bären sehen ja doch so knuddelig aus: Der runde Kopf, die kleinen Ohren und die Knopfaugen, das zottelige Plüschfell und der tollpatschige Gang – so ein drolliges Tierchen muss man einfach ins Herz schließen. Außerdem lieben Bären wie wir Süßigkeiten. Alles würde der Bär darum geben, um an ein Honigtöpfchen heranzukommen – auch das macht ihn uns unheimlich sympathisch.

Was die Spielzeughersteller bei ihren Teddybären immer vergessen, sind die spitzen Zähne und die scharfen Krallen. Mit wirklichen Teddys kann man nämlich ziemlich schlecht kuscheln, und als Schmusetier im Bett eignen sie sich ganz und gar nicht.

Richtig unangenehm ist es, einem erwachsenen Bären in freier Wildbahn zu begegnen. Wegzulaufen hat dann nämlich überhaupt keinen Zweck. Ein wütend gewordener Bär kann so schnell werden, dass er sogar einen Reiter in unwegsamem Gelände einholt. Normalerweise hat er zwar keinen Appetit auf Menschen, aber leider ist er von Natur aus ein Allesfresser. Das heißt, er hat auch kein Problem damit, notfalls einen Zweibeiner zu verspeisen. In der Regel ernährt er sich aber von Fischen und Aas, das er aus fünf Kilometern Entfernung wittern kann. Als Nachspeise gibt's dann frische Waldbeeren. Wie gesagt, der Bär ist ein richtiges Schleckermaul.

Dass der Bär zu seinem Vornamen Teddy kam, verdankt er bekanntlich seinem berühmten Namensvetter, dem amerikanischen Präsidenten Ted Roosevelt, dessen Lieblingsspielzeug niedliche Plüschbären waren. Wer aber glaubt, dass es böswillige Tierquäler gewesen sind, die ihm einen Knopf ins Ohr genietet haben, der lässt sich einen schönen Bären aufbinden.

Gibt es Teddybären in freier Wildbahn?

Ist das Sparschwein knausrig?

Das Sparschwein kriegt den Hals nie voll. Das weiß jeder, der eines zu Hause hat. Man müsste eher schon einen Goldesel haben. Und weil die wenigsten so glücklich sind, plagt uns alle die Angst davor, dass eines Tages der Pleitegeier kreist und uns in die Arme finsterer Kredithaie treibt.

Der Volksmund hat Tieren immer schon ein besonderes Verhältnis zum Geld nachgesagt. Und den berühmtesten Millionär im Tierreich kennen wir alle: Dagobert Duck, die alte Knauserente. Er hortet Goldstücke wie unsereins Postkarten oder Abziehbildchen. Dabei kann er sich für das viele Geld nichts kaufen, denn seinen Artgenossen ist die Kohle völlig schnuppe. Tiere lehnen Geldgeschäfte kategorisch ab. Sie befinden sich nämlich noch auf der Stufe des Tauschhandels.

Und was man unter Tieren alles tauscht: Friseur- und Reinigungsdienste gegen einmal richtig satt essen, eine Mitschwimmgelegenheit gegen Kammerjägerdienste, sogar Sex gegen ein Abendessen.

Zoologischer ausgedrückt: Die Putzergarnele frisst größeren Fischen Dreck und Parasiten vom Leib. Die Fische werden sauber, die Garnele satt. Das ist für beide eine so praktische Einrichtung, dass jede Putzergarnele eine richtige Stammkundschaft hat, die Schlange steht, um dranzukommen.

Der Schiffshalter ist zu faul zum Selberschwimmen und hängt sich deshalb mit seiner Rückenflosse, die zur Haftplatte umgerüstet ist, an Haie, Schildkröten oder Schiffe. Als Dankeschön vertilgt er während der Reise die lästigen Ektoparasiten auf der Haut seines lebenden Bootes und kommt dabei noch ganz schön in der Welt herum.

Spinnenmännchen präsentieren der Angebeteten schon mal eine fette Fliege, um sie begatten zu dürfen. Hinterher kann es dann passieren, dass sie selbst als Beute aufgefressen werden – eine riskante Art der „Beischlaferschleichung". Der arme Liebhaber liefert dafür gleich die nötige Portion Protein zur Eiablage – ein etwas eigenwilliges, aber praktisches Recycling.

Umgekehrt bieten die Pavianweibchen einem wild gewordenen Männchen schon mal ihre Genitalien an, wenn er sie beim Flirt mit dem Nachbarpascha ertappt hat und sie einem strafenden Biss entgehen wollen. Diese ritualisierte Kopulationsaufforderung verfehlt natürlich nicht ihre Wirkung. Angesichts der sich bietenden Möglichkeit sind die Aggressionen des Männchens wie weggefegt. Man nennt diesen Trick auch „Genitalbeschwichtigung", und auch Schimpansen- und Tigerweibchen greifen bisweilen darauf zurück.

Richtig Sinn für Romantik haben die Laubenvögel in Australien und Neuguinea. Sie bauen sich laubenartige Balznester und dekorieren sie mit Kostbarkeiten wie Blumen, Blättern, Steinchen, Beeren oder Schneckenhäusern. Mit Schmuck kriegt das Männchen auch die hartnäckigste Laubenvogelfrau rum.

Ist das Sparschwein knausrig?

Knutschen Elche?

Und wie Elche knutschen können! Schließlich ist ihre Knutschzone einmalig ausgestattet. Die Muffel – die Elchschnauze – ist schön breit und die Oberlippe außerordentlich beweglich, sodass der Elch geschickt an feinste Zweige und edelste Kräutlein herankommt. Mit der Elchdame kann er damit ordentlich schmusen. Vielleicht sind die Menschen neidisch darauf, wenn sie glauben, vom Elch geknutscht zu werden. Oder halten sie es für ganz und gar unmöglich, dass Tiere so innige Zärtlichkeiten miteinander austauschen? Wer das glaubt, liegt voll daneben.

Sicher: Zungenküsse geben sich Elche nicht. Sie haben eigene Methoden, sich näher zu kommen. Wenn sich zwei Vierbeiner gut riechen können, belecken sie sich, schnuppern und knabbern aneinander herum – übrigens gezielt an erogenen Zonen. Man hat bei Urwildpferden beobachtet, wie sie mit den Zähnen ganz vorsichtig die Härchen des Partners im Hals- und Schulterbereich durchkraulen, so als würden sie Läuse suchen. Und man stellte fest, dass das genau die Zonen waren, die über parasympathische Nervenfasern mit dem Herzen verbunden sind. Wenn sich Pferde beknabbern, sinkt der Puls um fast 30 Prozent; sie werden deutlich ruhiger und festigen so wichtige Sozialkontakte.

Der Körperkontakt trägt bei Tieren aber auch dazu bei, die Rangordnung innerhalb des Rudels zu bestätigen. Paviane zum Beispiel lausen sich den ganzen Tag wie verrückt, auch wenn keine einzige Laus im Fell sitzt. Es geht dabei um eine Demutsgeste, zum Beispiel des Weibchens dem Pascha oder des niedrigeren Weibchens dem ranghöheren gegenüber. Je weiter oben in der Hierarchie ein Tier steht, desto mehr Streicheleinheiten kriegt es ab. Schon daran, wie Paviane miteinander umgehen, kann man ablesen, wer in der Rangordnung wo angesiedelt ist.

Zärtlichkeiten hin oder her: Wenn es darum geht, ein empfangsbereites Weibchen zu decken, darf bei den Pavianen und bei vielen anderen Rudeltieren nur der Pascha ran. Die jüngeren Männchen dürfen sich nur zu Übungszwecken mit den Weibchen vergnügen.

Zurück zu den erogenen Zonen: Der Hund hat sie hinter dem Ohr, dort wo der weiche Gehörgang in den harten übergeht. Weil er sich da mit seiner Krallenpfote nicht so intensiv kratzen kann, freut er sich tierisch, wenn sein Herrchen ihn mit den Fingerkuppen dort streichelt. Kühe verdrehen vor Wonne die Augen, wenn man sie mit einem Stück Holz hinter den Hörnern krault.

Beim Knutschen stören Hörner und Geweihe kein bisschen. Elche und Hirsche haben ihr Geweih so exakt im Griff, dass sie sich damit fast an allen Körperstellen gefühlvoll kratzen können. Nie würden sie dabei ein Weibchen verletzten.

Und übrigens: Je größer das Geweih, desto lieber lässt sich die Elchfrau von ihrem Elch knutschen.

Knutschen Elche?

Derjenige, der die Beine des Tausendfüßlers gezählt hat, hat gar nicht so sehr übertrieben. Genau genommen müsste dieses Tier „Vierhundertachtundneunzigfüßer" heißen, denn 249 Beinpaare sind das Maximale, was es zu bieten hat. Nur gut, dass der Tausendfüßler ein Barfüßer ist und keine Schuhe kaufen muss. Würde er Pumps tragen, gäbe das ein ganz schönes Geklapper!

Hat der Tausendfüßler wirklich 1000 Beine?

Wir, die wir mit zwei Beinen auskommen müssen, staunen immer wieder, wenn wir einen Tausendfüßler vorbeikrabbeln sehen. Wie, so fragen wir uns, schafft er es nur, nicht über seine Beine zu stolpern? Und wofür braucht er überhaupt so viele davon? Wieder einmal hat die Evolution hier Vernunft walten lassen. Denn im Lebensraum des Tausendfüßlers sind möglichst viele Beine für die Fortbewegung äußerst hilfreich.

Er lebt im Mulm, einer Schicht aus zerfallendem Laub auf dem Wald- oder Gartenboden. Dort muss er sich ständig durch einen wahren Dschungel von halb verfaulten Pflanzenteilen durcharbeiten, wobei er gekonnt seine vielen Beine einsetzt. Er krabbelt damit nicht im Gleichschritt marsch, sondern macht eine Art Wellenbewegung. Die Welle entsteht, indem sich ein Segmentring des Chitinpanzers nach oben hebt und einen Teil der Beine mit hochzieht, während der Rest am Boden hinterhertrippelt. Dabei spielt es keine Rolle, ob das Tier Rechts- oder Linksfüßer ist.

Wer so viele Beine hat, ist auch nicht sonderlich gehandicapt, wenn er sich mal das ein oder andere Füßchen bricht. Es kann schon mal vorkommen, dass ein böser Käfer eines abzwickt oder ein hungriger Vogel ein anderes erwischt. Dann rennen eben 497 andere Beine um ihr Leben. Wenn der Tausendfüßler in Sicherheit ist, muss er sich gar nicht erst röntgen lassen, sondern kann gelassen darauf warten, dass das kaputte Bein wieder nachwächst. Bis dahin humpelt er halt ein bisschen, kommt aber deswegen nicht aus dem Takt.

Der Tausendfüßler ist keine Raupe, und er wird auch nie zum Schmetterling. Er kommt bereits mit seinen tausend Beinen zur Welt. Hände hat er dafür gar keine, sondern – wie die Spinne – sehr gelenkige, kneifzangenähnliche Mundwerkzeuge. Damit jagt er Insekten und auch mal einen dicken Regenwurm. Einige Tausendfüßlerarten haben auch Giftdrüsen in den Zangen sitzen. Das sind umgewandelte Speicheldrüsen, deren Sekrete die Opfer schon vorverdauen, bevor sie überhaupt ganz gefressen sind. Vor allem die in den Tropen vorkommenden Exemplare können damit auch den Menschen piesacken.

Bei uns gibt es nur eine Tausendfüßlerart, die „beißt", aber davon haben wir weniger zu befürchten als von einem Wespenstich. Es gibt auch Tausendfüßler mit nur acht Beinen. Die nennt man deshalb ganz bescheiden auch nur „Hundertfüßer".

Hat der Tausendfüßler wirklich 1000 Beine?

STICHWORTVERZEICHNIS

Henning Wiesner, geboren 1944 in Neiße an der Oder, studierte Veterinärmedizin in Gießen und München und ist Direktor des Tierparks Hellabrunn in München. Daneben lehrt er an der Münchner Universität und berät Zoos und Tierschutzorganisationen in der ganzen Welt.

Walli Müller, geboren 1969 in Plattling, studierte Germanistik und Geschichte in München und lebt als freie Hörfunk-Journalistin in Hamburg. Ihre Arbeitsschwerpunkte sind Kultur- und Medien-Themen, Film- und Buchrezensionen und Glossen.

Günter Mattei, geboren 1947 in Österreich, studierte Grafik-Design und lebt als freier Grafiker und Illustrator in München. Mit dem Tierpark Hellabrunn verbindet ihn eine langjährige Zusammenarbeit. So stammen von ihm die weit über München hinaus bekannten Plakate des Münchner Zoos.

Ebenfalls bei Hanser:

Christoph Biemann
Christophs Experimente

144 Seiten
ISBN 3-446-20339-7

Jeder kennt Christoph aus der Sendung mit der Maus. Und jeder weiß, dass er gern Experimente macht. Jetzt gibt es Christophs Experimente in einem Buch – 150 an der Zahl und alle mit Geling-Garantie. Christoph erzählt die Geschichte von den ersten Erfindern bis zu den modernen Wissenschaftlern, und er weiß genau: Am besten versteht man sie, wenn man ihre Experimente nachmacht. Mit Wasser, mit Luft, mit den einfachsten Mitteln, die man in jedem Haushalt findet. Christophs Experimente sind kinderleicht. Sein Buch macht Lust auf Wissen. Vielleicht sogar auf Wissenschaft.

Christoph Biemann stillt fast jede Neugierde …
Mit dem Buch lassen sich locker monatelang die Nachmittage ausfüllen.

Frankfurter Rundschau

Christoph Biemann ist ein großes Buch gelungen!

Süddeutsche Zeitung

Knapp, verständlich, witzig bebildert. Das Buch macht richtig Lust, selber loszulegen.

Geolino

Das schönste und spielerischste Mitmach- und Kindersachbuch der Saison.

Eselsohr

Ebenfalls bei Hanser:

Gerhard Staguhn
Warum hat der Mensch kein Fell?
Neue Rätsel des Alltags

240 Seiten
ISBN 3-446-20521-7

Warum ist der Nachthimmel schwarz? Warum zeigt uns der Mond stets die gleiche Seite? Und warum frieren Seen nicht von Grund auf zu? Das wüsste man gern. Dabei sind das noch vergleichsweise einfache Fragen. Viel schwieriger wird es, wenn nicht gleich ein naturwissenschaftliches Gesetz zur Hand ist, von dem sich die Antwort herleiten lässt. Warum sind Jugendliche oft so flegelhaft?, wäre so eine Frage. Oder: Warum tratscht der Mensch? Auch hier, bei den wahrhaft großen Rätseln des Menschseins, bleibt Gerhard Staguhn keine Antwort schuldig.

Staguhns Buch macht eine Menge Spaß und schärft den Blick: für die Dinge, die so selbstverständlich erscheinen, dass man sie nie hinterfragt. Und das ist doch eigentlich sehr schade.

Nürnberger Zeitung

Ein Buch für die ganze Familie. Es beantwortet fast alle Fragen, die sich auf Sonntagsausflügen und im Alltag stellen. Und es liefert Stoff für Diskussionen über jene letzten Dinge, die uns schließlich alle umtreiben.

DIE ZEIT

Die Schreibweise in diesem Buch entspricht den
Regeln der neuen Rechtschreibung.

Unser gesamtes lieferbares Programm und viele
andere Informationen finden Sie unter
www.hanser.de

6 7 8 9 10   10 09 08 07 06

ISBN-10: 3-446-20611-6
ISBN-13: 978-3-446-20611-3

Umschlag: Günter Mattei
Druck und Bindung: Passavia, Passau
Printed in Germany